高素质农民培育

—— 系列读本 ——

北方茶叶
生产及品牌创建

赵锦彪　房晓燕　王兆祥　主编

中国农业出版社
北　京

编委会

主任委员： 刘延生

副主任委员： 马学文　王兆祥　安迎锋　张　超　赵锦彪　石绍峻

主　　编： 赵锦彪　房晓燕　王兆祥

副 主 编： 丁文峰　王忠慧　张建达　闫　宏　常守瑞　安绪华　孔金花　王思舜

编写人员：（以姓氏笔画为序）

丁文峰　于　涛　王　琳　王延书　王兆祥
王忠慧　王思舜　卞西蜀　文秀维　尹传磊
孔金花　石绍峻　冯太君　毕彩虹　庄倩梅
闫　宏　安绪华　孙　卿　李　胜　李雪梅
库婷婷　张　永　张建达　张春山　张相松
张惠伦　张政德才　陆　明　周　伟　周　蕾
房晓燕　赵进军　赵锦彪　姜宝增　秦大伟
秦凯旋　袁伟才　郭仁坤　郭玉玲　常守瑞

序

茶，国之饮也。世界卫生组织（WHO）调查了世界各地的所有饮品，得出结论：茶是人类的最佳饮品。在我国，茶最初是作为药用进入人类社会的，《神农本草经》中提到："神农尝百草，日遇七十二毒，得茶而解之"。现代技术研究表明，茶的主要成分是茶多酚、茶色素、茶氨酸、茶多糖、γ-氨基丁酸、吡咯喹啉醌和多种矿质元素；茶能减少心脑血管发病，降胆固醇、降血压，有助于降低患糖尿病的风险，防治早期老年痴呆，能抗压力、抗焦虑，提高人体免疫力和杀菌力，还有减肥瘦身功效。不仅如此，茶对皮肤有很好的保护作用，多喝茶能使人肤色更靓丽。另有研究证明，茶叶中多种营养元素的配比，特别适合人体的需求，也十分容易被人体吸收利用。这也是茶叶不可被其他饮品所替代的原因。

茶如人生，百茶百味。茶叶是人类最友好的朋友，同时还是文化的载体。中国茶文化源远流长，博大精深，不但指物质文化层面，还指其中包含的深厚精神文明。唐代茶圣陆羽的《茶经》吹响了中华茶文化的号角，从此茶的精神渗透了宫廷和民间，深入中国的诗词、绘画、书法、宗教等。

"生拍芳丛鹰嘴芽，老郎封寄谪仙家。今宵更有湘江月，照出菲菲满碗花。"这是唐代诗人刘禹锡的《尝茶》，诗人于月圆之夜烹茶啜饮，月光流泻在茶碗之中，香气升腾氤氲，与月光相互交织。诗人所见碗中茶叶美妙如花，其对友人的感怀之情便凭着这寥寥数字跃然纸上。“待到春风二三月，石垆敲火试新茶”是明代诗人魏时敏的诗句，等到春天来临，万物复苏，茶树冒出新芽的时候，打起石垆，将分拣好的茶叶经行复火焙香。诗中展现了春天试喝新茶的乐趣，顿时将人带到手工炒制茶叶的慢生活中，就着诗句，品着茗茶，感受着诗茶中散发的春天气息，能让人内心春暖花开，远离世俗红尘的纷纷扰扰。“深情细味故乡茶，莫道云踪不忆家。品遍锡兰和宇治，清芬独赏我天华”是赵朴初先生的七绝茶诗，诗中流露出先生对家乡深深的思念之情。茶的妙趣，不只是表现在色香味形，还在于能把人心带入一种空深的境界，使人心境中保持一点清新，一缕温馨。茶叶给人类带来的美好，真是不胜枚举。

沂蒙山独特的气候环境，孕育了沂蒙茶叶粗犷、醇厚、高香的高纬度茶叶特质，品饮后余香绕梁，令人回味悠远，难以忘怀。沂蒙茶叶已成为北方茶叶的翘楚。

作者怀着对沂蒙大地的深情，以沂蒙大地茶叶生产实践为基石，为我们徐徐铺开沂蒙人民艰难探索，矢志不移，不屈不挠的巨幅“南茶北引”画卷。作者深入细致地从茶树栽培、茶园土肥水管理、茶树修剪、低产茶园改造以及茶园病虫害防治等方面，提炼出与当地实际相结合的一系列茶叶实用管理技术，特别是对茶叶采摘，茶叶加工技术的阐述深入浅出，读者如同身临其境，相关技术有很强的操作性，必将成为北方茶区广大茶叶科技工作者和茶叶种植专业户的良师益友。书中还同读者分享了茶叶的冲泡技艺，茶叶的品鉴方法。

百年树人，茶同此理。茶叶品牌的创建与发扬光大，记录了种茶人涅槃重生的过程。作者从山东全省的视角，重点介绍了部分品牌创建成功者的相关案例，以飨读者。

本书作者一直从事北方茶叶高新技术的研究示范推广工作，是沂蒙茶文化的传承者、挖掘者、推介者。沂蒙茶叶已成为打造美丽沂蒙山区、实现乡村振兴的重要手段之一，成长为当地广大农民脱贫致富奔小康的支柱产业。相信这部书的问世，将给北方高纬度茶区的广大茶人以及政府有关管理部门提供重要的参阅价值。

丁兆堂

目录

序

绪　言

据文献记载，明朝天顺年间山东按察使王越（1426—1499）的七律诗《咏蒙山茶》，记有“闻道蒙山风味佳，……冰绡碎剪先春叶，……应是人间第一茶。”清康熙九年（1670）《颜神镇志》记载：“鲁山……绝顶产美茶，味甲天下。”清乾隆四十六年（1781）《山东通志·沂州府》记载：“马陵山……有果园、茶园零星分布。”清光绪《费县志》载有举人张淑躬（蒙阴县人）的《蒙山采茶词》，记叙了当时广大农民一年春夏秋三季采制茶叶和出售茶叶的繁忙景象，如“携篮不辨茶多少，……采得新茶春便好，不嫌蒸晒到黄昏，……直将茶事比农桑”等。不难看出，沂蒙地区自明代已经有茶事活动，当时沂蒙山区茶树生长相当茂盛，茶叶生产的商品性也非常强。历史上蒙山一带民间习惯喝的“老干烘”“红大茶”为山茶，分布在蒙阴、沂源、平邑、费县等山区。建于明朝崇祯年间的费县胡阳茶树庄村，即因村内有大茶树而得名。民国初年建村的蒙阴县野店茶叶坪村，也因种植茶叶得名。莒县、莒南、日照、临沭一带民间习惯喝的“青香茶”为家茶，一般在农户院落分散栽种，院内只种一至数棵，两三年即长成木本茶树，树大叶茂。因不经焙制，只采青叶或嫩枝烧茶，农户多在夏季用大锅烧水，顺手采上一把青茶叶，放在锅内煮开，汤色黄褐，清香醇和，止渴解凉，至今还有零星种植、饮用。

临沂现代的茶叶生产，始于20世纪50年代后期和60年代中期的“南茶北引”。1958年冬，山东省林业厅与临沂专署农林局从南方茶区购进茶籽5 000 kg，置于室内摊晾，未作任何处理。1959年春，这批茶籽被分配到临沂地区的部分国营林场、社队及青岛市中山公园播种。由于缺乏种植经验，国营林场和社队采取点播大豆的方法将其简单播种入土，出苗后未采取抚育培护防冻措施，致使大部分幼苗因冻、旱枯萎死亡，个别草丛中因冬有积雪覆盖的一批茶苗存活三四年后，也因人为破坏而逐渐消失殆尽，临沂第一次“南茶北引”未获成功。而生态条件较好的青岛市中山公园，由于管理认真，0.3 hm^2茶园正常成活。

1965 年春，时任山东省委书记在青岛召开会议时，发现中山公园内 1959 年种植的茶树生长正常，品尝所制茶叶，色香味均优于南方茶叶，当即责成山东省商业厅严格选择地形，进行小面积引种，以解决群众喝茶问题。同年秋，山东省糖业烟酒公司吕新、陈德熙二人来临沂，与临沂专署商业局、林业局的崔华莆、任介民等有关人员共同探讨种茶事宜，总结了第一次种茶的经验教训。并商定，由省糖业烟酒公司无偿供应茶籽，临沂专署商业局、林业局专门抽调王恩义、亓以怀、臧协福、夏建立、郭水田 5 名人员组成种茶技术小组，王恩义任组长，“辟专线，开专车”，专事种茶工作。为争取引种成功，种茶技术小组首先研定引种浙、皖北部的槠叶群体种；土地选择背风向阳、靠近水源的火成岩酸性土山坡，并整成水平梯田；茶籽进行沙藏越冬及催芽处理，田间管理采取低沟浅播、小丛条播、插枝遮阳、培护越冬等措施。1966 年春，在日照、莒南、蒙阴、费县、沂源、沂水、莒县的 10 多个大队试种茶园 2 hm^2，但因冬季遇到持续性低温与干旱，除日照县丝山双庙、安东卫北山 0.6 hm^2茶园安全越冬外，其余成活甚少。此前 1965 年莒南县相沟公社林业站董正书从杭州带回茶籽，在该公社董家沟大队试种成活。1967 年，种茶技术小组进一步总结了日照茶园提前灌足越冬水、基部培土、北设防风障的成功经验后，继续指导 7 县试种了 26 hm^2，成活了 20.5 hm^2，成活率约 80%。从此，正式拉开了临沂“南茶北引”的序幕。

1968—1979 年是临沂茶叶生产大发展的阶段。1966—1977 年，国家共无偿扶持临沂地区茶籽 1 250 t，化肥 400 t。1973 年全区已在日照、莒南、蒙阴等 11 个县、650 个大队建设茶园，总面积达 800 hm^2；1974 年地区副食品公司开始委托县供销社收购茶叶，当时山东省还规定茶树试种阶段茶叶销售免税、让利。1976 年，全区 13 个县 125 个公社 1 400 多个大队，一年就播种了 2 404 hm^2 茶园土地。这期间全区商业和林业部门也陆续成立了茶叶科，并以商业系统为主，具体负责茶叶的生产和销售。1978 年，在莒县夏庄马坡岭建立了临沂地区茶叶试验站，成立了地区茶叶学会，专门从事茶叶生产的研究与指导。70 年代中后期，各职能部门均加强了茶叶生产的组织和管理，使茶叶种植、管理、采摘、炒制技术日臻完善，临沂茶叶生产逐步进入高潮时期。1979 年全区茶园总面积达到3 287.2 hm^2（其中投产面积 1 436.2 hm^2），占全省总面积的 63%；产茶 831.54 t，占全省茶叶总产量的 80%；产茶籽 59.8 t，占全省的 82%，实现了茶籽自供有余，茶树已成功地在临沂安家落户。

临沂第二次引种茶树成功初期，茶园单产很低。后来随着栽培技术和管理水平的不断提高，茶叶单产、总产逐年增加。1981 年地区茶叶试验站任介民等总结提出了《改常规茶园为适密适矮“区田”茶园的建议》（由行署财贸办公室转发）。与常规的等高条植茶园相比，适密适矮“区田”栽培法，具有成园快、单产高、茶叶品质好、利于越冬等优点，为茶树正常生长、稳产、高产起到了重要作用。1982 年，全区茶叶平均每 666.7 m^2 产 37.5 kg，高于全国平均水平。适密适矮“区田”茶园到目前仍是莒南、临沭的主要采摘园。

临沂地区原分为以日照、莒南、临沭、莒县为主的沿海炒青绿茶产区和以蒙阴、费县、平邑、沂水为主的内陆黄大茶产区。目前以莒南、沂水、临沭为临沂茶叶集中产区，2018 年莒南、临沭、沂水茶叶产量分别占全市的 75.6%、8.4%、6.9%，其中莒南县洙边镇、壮岗镇、坊前镇、团林镇，临沭县玉山镇、大兴镇，沂水县院东头镇茶叶产量均较可观。

临沂属高纬度茶区，昼夜温差大，茶树光合作用产物积累多，茶树鲜叶内含成分明显高于南方同季节茶叶。1969 年本区采制的炒青绿茶，经中国农科院茶叶研究所评审：“叶片肥厚、耐冲泡、内质好、滋味浓、香气高，近似歙县茶。”临沂茶的优良品质得到了国内外茶叶专家的一致好评和广大消费者的青睐。1985 年，临沂地区茶叶试验站研制的“沂蒙碧芽”“卧龙剑”获得农牧渔业部举办的全国名茶评比会表扬茶第一名、第二名。1995 年第二届全国农业博览会，莒南县团林镇李家桑园的“松针”、洙边镇界首一村的“玉芽”、莒南县演马乡演马村的“雪芽”茶获得金奖；在 1997 年第三届全国农业博览会上，莒南县李家桑园的“松针”获得名牌产品称号；在 2001 年中国国际农业博览会上，临沂沂蒙生态农业科技发展公司“金沂蒙”茶、莒南县洙边镇玉芽茶厂“玉芽”茶、莒南县环河茶叶有限公司“碧芽春”茶叶获得名牌产品称号；2002 年临沭县陈宅茶厂“春山雪芽”获第四届国际名茶银质奖；2003 年莒南县珠园春茶厂“珠园春”茶获第五届中茶杯名优茶特等奖。此后，临沂茶叶在全国各项茶叶评比中均有较好成绩。

90 年代后期，临沂开始逐步重视茶叶的无公害生产和生态茶园建设。新建茶园实行合欢、板栗等间作模式，改善茶园生态环境。茶叶生产从环境营造、改土施肥、病虫害防治、修剪采摘、加工包装等环节试行无公害标准管理，从生产效果看，基本可以达到要求。经农业部茶叶质量监督检验测试中心 2001 年、2002 年抽检，临沂 20 余份茶样全部符合 NY 5017—2001《无公害食品 茶叶》标准。2002 年 3 月，临沂市农业局将莒南县洙边镇和临沭县玉山镇确定为无公害茶叶标准化生产示范工程基地；同年 4 月，莒南县质量技术监督局发布《无公害绿茶生产技术规程》地方标准。2003 年莒南县洙边镇被中国农科院茶叶研究所列为有机茶试验示范基地。自 2007 年起，临沂逐步重视绿色茶园的打造，开展绿色食品茶叶的认证，截至 2019 年底，全市共有 10 家企业开展绿色食品认证。“沂蒙绿茶”“莒南绿茶”“沂水绿茶”等成功获得农业农村部农产品地理标志登记保护。“南茶北引”的成功，翻开了临沂种茶历史的新篇章，同时也使中国茶树分布的最北限成功跨越北纬 35°线，大大拓展了中国茶树栽培的区域范围，具有重要的理论和实践意义。

临沂绿茶素以“叶片厚、香气高、滋味浓、耐冲泡”等特点著称。随着生活水平的逐步提高，人们对茶叶的消费需求也越来越大，再加上茶叶生产技术的不断提高，特别是茶树保护地栽培、名优茶炒制以及无性系茶树良种的大面积推广应用，临沂茶叶生产又一次焕发了勃勃生机。到 2018 年，全市茶园面积 2 025 hm^2，产茶 1 674 t（绪表 1、绪表 2）。经过 60 多年的发展，全市已有兰山、兰陵（原苍山）、莒南、沂水、蒙阴、平邑、费县、沂南、临沭 9 个县区产茶，成为中国北方绿茶的重要产区。

绪表 1　历年茶园面积表　　单位：hm^2

年份	合计	兰陵	莒南	沂水	蒙阴	平邑	费县	沂南	临沭	兰山
1967	9	—	3	4	1	—	1	—	—	—
1971	96	—	47	14	25	5	3	2	—	—
1975	1 633	27	600	80	293	80	140	60	220	—
1979	2 292	126	522	281	294	167	109	79	369	—
1983	1 398	52	468	141	267	81	72	45	178	—
1987	650	24	337	20	85	9	14	10	109	—
1991	510	—	343	20	30	—	14	2	69	—
1995	1 284	13	1 000	—	—	1	5	16	179	70
1999	1 641	7	1 333	—	—	25	12	—	257	7
2003	2 172	7	1 800	64	—	27	23	1	241	9
2007	2 279	1	1 947	122	—	17	30	—	161	1
2011	1 854	2	1 550	147	—	3	13	—	139	—
2012	1 908	—	1 563	168	—	14	14	—	148	1
2013	1 825	1	1 472	176	8	2	14	—	145	7
2014	1 761	1	1 433	175	8	2	21	—	114	7
2015	1 840	1	1 414	231	8	3	21	26	125	11
2016	2 097	1	1 154	706	8	33	15	25	144	11
2017	2 029	1	1 078	705	8	28	53	27	106	23
2018	2 025	1	1 018	684	8	31	97	43	109	34

资料来源：《临沂市统计年鉴》。

绪表 2　1970—2018 年部分年份茶叶产量表　　单位：t

年份	合计	兰陵	莒南	沂水	蒙阴	平邑	费县	沂南	临沭	兰山
1970	4	—	2	1	1	—	—	—	—	—
1974	50	1	25	4	17	1	—	1	1	—
1978	422	10	189	29	70	13	28	7	49	—
1982	622	25	256	58	72	26	20	16	76	—
1986	311	10	160	30	22	5	6	—	53	—
1990	233	—	190	—	7	—	4	1	18	—
1994	290	—	230	—	1	—	3	1	40	—
1998	524	5	450	—	—	—	4	—	46	19
2002	791	5	650	11	—	22	8	1	86	8
2004	875									
2006	1 194	1	1 000	37	—	31	13	—	112	—
2010	1 240	2	1 040	49	—	—	25	—	124	—
2011	1 393	1	1 205	51	—	—	6	—	130	—
2012	1 010	—	865	59	—	—	7	—	79	—
2013	1 011	—	870	60	—	1	8	—	69	3
2014	1 189	—	1 032	61	1	1	7	—	84	3
2015	1 419	—	1 181	90	1	—	28	19	96	4
2016	2 174	—	1 910	90	—	19	6	20	125	4
2017	1 942	—	1 577	116	—	19	49	20	156	5
2018	1 674	—	1 266	116	6	39	58	44	140	5

资料来源：《临沂市统计年鉴》。

第一章 茶树栽培

第一节 茶树品种

茶树品种是茶叶生产的关键，栽培品种的选择正确与否，与茶叶产量、茶叶品质、劳动生产率和经济效益有密切关系。

一、主要茶树栽培品种

自“南茶北引”至20世纪90年代中期，临沂地区种植的茶树全部是有性系品种（群体种）。1980年茶园大冻害后，地区林业局曾组织过茶树抗寒单株的调查，初步发现了34个较抗寒的单株，还将较为突出的3个单株暂时定名为沂蒙1号、沂蒙2号、沂蒙3号，但可惜这项工作未能坚持下去。90年代末期开始，临沂市果茶高科技示范园等陆续引进了无性系茶树品种，其中1998年首批引进30万株。无性系品种与有性系品种相比，生长整齐，发芽一致，采茶省工，也可提高茶叶品质，是目前茶叶生产推广的重点。

（一）有性系品种

1. 安徽祁门种 又名楮叶种，原产安徽祁门县，临沂1966年引进。灌木型，中叶类，中芽种。树姿半开展，分枝密度中等，叶片呈上斜或水平着生，椭圆或长椭圆形，叶面微隆起，叶身平展，叶齿细浅，叶质柔软，富光泽。春茶发芽期一般在4月上中旬，发芽整齐。抗低温能力强，气温－9.3℃时，仍无明显冻害，抗旱性也较强。成茶香高味浓，品质优良。

2. 安徽黄山种 原产安徽歙县、黄山一带，临沂1966年引进。灌木型，树姿半开展，分枝密度中等，迟芽种。叶片水平着生，中叶类，长椭圆形，锯齿深而明显，叶身平展，叶质厚而柔软。春茶发芽期一般在4月上中旬，育芽力强，发芽整齐，芽头肥壮。抗寒性强，山东省曾经引种8个省的茶种播种，唯独黄山种不受或少受冻害。适制绿茶。

3. 浙江鸠坑种 原产浙江淳安县鸠坑乡，已有近千年栽培历史，临沂于1966年开始引进。灌木型，树姿半开展，分枝较密。中叶类，叶形椭圆或长椭圆，叶色绿，富光泽，叶身平展，叶面微隆起，叶质较软。春茶发芽期一般在4月上中旬。抗逆性较强。适制绿茶，条紧绿润，香高、味浓、耐泡。

（二）无性系品种

1. 龙井43 由中国农业科学院茶叶研究所从龙井茶树群体品种中单株选育而成，临沂1998年开始引进。灌木型，中叶类，属早芽种。植株较矮，从根颈处分枝，枝繁叶茂，树姿半开张，叶形椭圆，叶尖钝，叶面隆起，较厚。春茶发芽期一般在4月上旬，育芽力特强，发芽整齐，密度大，芽叶短壮，茸毛少，耐采性强，产量高，比龙井茶树群体增产30%以上。抗逆性强。适制扁平类名优绿茶。持嫩性稍差，宜适度修剪和及时采摘。

2. 乌牛早 原产浙江省永嘉县乌牛岭下，系当地群众单株选育而成，临沂于1999年引进。灌木型，中叶类，属特早生种。春茶发芽期一般在3月下旬，分枝较稀，树姿半开张。叶形椭圆，叶片绿，富光泽，茸毛较少。育芽力较强，芽叶较肥壮。产量高，抗逆性强。适制绿茶，品质良好。

3. 福鼎大白茶 又名福鼎白毫，简称福鼎、福大。原产于福建省福鼎县柏柳乡翁溪村，栽培历史120余年。临沂1999年引进。小乔木型，中叶、早芽种。植株较高大，树姿半开张，分枝部位较高。春茶发芽期一般在4月上旬，叶形椭圆，富光泽，持嫩性强，芽叶肥壮多茸毛，产量高。尤其适制茸毛类高档绿茶。成品具有色泽绿翠，芽毫显露，栗香味鲜的特点。

4. 农抗早 由安徽农业大学选育而成，临沂于1999年开始引进。灌木型，早生种，中叶类，叶片深绿。春茶发芽期一般在3月底或4月上旬，抗寒性强。

5. 劲峰 原产浙江平阳，由杭州市茶叶研究所单株选育而成，临沂于1999年开始引进。小乔木型，中叶类，早生种。芽肥壮，叶色浓绿，茸毛特多。春茶发芽期一般在3月底或4月上旬，产量高，扦插成活率高，抗寒性较强。

6. 舒茶早 原产安徽舒城县舒茶乡，系单株选育而成，临沂于1999年开始引进。灌木型，大叶类，早生种，萌发整齐，持嫩性强。春茶发芽期一般在3月底或4月上旬，全年芽叶无紫叶，抗寒性强。所制绿茶条肥壮紧结，绿润显毫，香高味鲜。

7. 白毫早 湖南省茶叶研究所选育而成，临沂于1999年开始引进。灌木型，中叶类，早生种，叶片绿。春茶发芽期一般在3月底，产量高。适制名优绿茶，抗逆性较强，但易受晚霜危害。肥培水平要求高。

8. 龙井长叶 由中国农业科学院茶叶研究所选育而成，临沂于2000年引进。灌木型，中叶类，早生种。芽叶黄绿色，茸毛较少，新梢持嫩性强。春茶发芽期一般在3月底，产量高，抗寒、抗旱性均强。适制扁形绿茶，香高味醇。春前宜早轻剪。

9. 金观音 即茗科1号，无性系品种，灌木，中叶，早生。树姿半开张，芽叶紫红，茸毛少，持嫩性强，产量高。抗逆性强。适制乌龙茶。

10. 安徽1号 由安徽省农业科学院茶叶研究所选育。无性系，灌木，大叶，中生，树姿直立，芽叶黄绿色，茸毛多，持嫩性强，产量高，抗寒性强。适制红茶、绿茶。

11. 安徽3号 由安徽省农业科学院茶叶研究所选育。无性系，灌木，大叶，中生，树姿半开张，芽叶淡黄绿色，茸毛多，产量高，抗寒性强。适制红茶、绿茶。

12. 安徽7号 由安徽省农业科学院茶叶研究所选育。无性系，灌木，中叶，中生，树姿直立，芽叶淡绿色，茸毛中等，产量高，抗寒性强。适制绿茶。

13. 迎霜 由杭州市茶叶研究所选育。无性系，小乔木，中叶，中生，树姿直立，芽叶淡绿色，茸毛多，持嫩性强，产量高，抗寒性尚强。适制红茶、绿茶。

14. 黄金芽 原产于浙江省余姚市三七市镇。属于光照敏感型。由浙江大学茶叶研究所等单位经过近10年时间选育而成，现已被引种到中国农科院茶叶研究所珍稀名茶种质资源圃内。因其一年四季均为黄色，干茶亮黄，汤色明黄，味道鲜美，又贵如黄金而得名，是珍稀白化茶树种质资源品种，是国内目前培育成的唯一黄色变异茶种。

15. 浙农12 由浙江农业大学选育。无性系，小乔木，中叶，中生，树姿半开张，芽叶绿色，茸毛特多，持嫩性较强，产量高，抗旱性强，抗寒性较弱。适制红茶、绿茶。

16. 浙农113 由浙江农业大学选育。无性系，小乔木，中叶，早生，树姿半开张，芽叶黄绿色，茸毛多，持嫩性强，产量高，抗旱、寒性强，抗病虫害能力强。适制绿茶。

17. 信阳10号 由河南信阳茶叶试验站选育。无性系，灌木，中叶，中生，树姿半开张，芽叶淡绿色，茸毛中等，产量高，抗寒性强。适制绿茶。

18. 槠叶齐12 由湖南省茶叶研究所选育。无性系，灌木，中叶，中生，树姿半开张，芽叶黄绿色，茸毛少，持嫩性强，产量高，抗旱、抗寒性强。适制红茶、绿茶。

19. 皃早2号 由安徽省农业科学院茶叶研究所选育。无性系，灌木，中叶，早生，树姿较直立，芽叶淡黄绿色，茸毛中等，持嫩性强，产量较高，抗寒性强。适制红茶、绿茶。

20. 皖农111 由安徽农业大学选育。无性系，小乔木，大叶，中生，树姿半开张，芽叶绿色，茸毛多，持嫩性强，产量较高，抗寒性中等。适制红茶、绿茶。

21. 鄂茶1号 由湖北省农业科学院果茶研究所选育。无性系，灌木，中叶，中生。树姿半开张，芽叶黄绿色，茸毛中等，持嫩性强，产量高。抗旱、抗寒性强，适制绿茶。

22. 中茶102 由中国农业科学院茶叶研究所选育。无性系，灌木，中叶，早生，树姿半开张，芽叶黄绿色，茸毛中等，产量高，抗旱、抗寒性强。适制绿茶。

23. 浙农117 由浙江大学茶叶研究所选育。无性系，小乔木，早芽种，树姿半开张，芽壮，持嫩性强，产量高，抗旱性强，抗寒性强。适制绿茶。

24. 中茶108 由中国农业科学院茶叶研究所选育。无性系，灌木，中叶，特早生种，树姿半开张，芽叶黄绿色，茸毛较少，产量高。适制绿茶。

25. 平阳特早 原产于浙江平阳县敖江镇。无性系，小乔木，中叶，特早生，树姿半开张，芽叶绿色，茸毛较多，持嫩性强，产量高。适制绿茶。

26. 浙农121 由浙江农业大学选育。无性系，小乔木，大叶，早生，树姿半开张，芽叶绿色，茸毛较多，持嫩性强，产量高。适制红茶、绿茶。

27. 金萱 即台茶12号，由台湾茶业改良场选育。无性系，灌木，中叶，中生。树姿开张，芽叶绿色，茸毛短密，产量一般。适制乌龙茶。

二、茶树繁育

茶树育苗的方式分为有性繁殖和无性繁殖两类。通过有性途径（种子）繁育的品种称为有性繁殖系品种，简称有性系品种；通过无性途径（扦插等）繁育的品种称为无性繁殖系品种，简称无性系品种。

（一）有性繁殖育苗

茶树异花授粉，种子具有两个亲本的不同遗传特性，也因此，有性繁殖具有复杂的遗传性，适应性强。为保证有性繁殖茶树的质量，需要建立茶树良种繁育基地，做好采收、贮运和茶苗培育工作。

1. 采种园的建立与管理 专门设立留种茶园的园区很少，采种一般在采叶园中进行。有条件的可设立专用留种园，并满足以下条件：

（1）品种性状一致。留种茶园的茶树，应能再现该良种的典型性和一致性。及时去除混杂的植株。

（2）母树生长健壮。树龄老、生长衰弱的母树，可台刈更新恢复树势后，再作为留种园使用。

（3）茶园土壤深厚、肥沃。茶园地势平缓开阔，通风透光；无严重病虫害。

2. 留种园的繁育

（1）增施磷钾肥。留种茶园一般采茶、采种兼用，除合理施肥，保证茶树正常生长发育外，需增施磷钾肥，促使茶树多开花结果，同时防止落花落果，获得饱满茶籽。一般氮、磷、钾的比例可选取1∶3∶2。

（2）改进采摘方式。一般春茶分批留叶采，夏茶留养，或夏秋茶留养，增加茶籽产量。

（3）修剪疏枝。根据茶树生长状况，采取修剪措施，以培养树冠和树势，并疏剪枯枝、老枝、细弱枝、病虫枝及部分徒长枝。

（4）抗旱、防冻和防治病虫害。夏、秋季节干旱，不仅影响茶树花芽分化，而且容易造成幼果脱落，最好进行铺草抗旱并灌溉，冬季注意防冻。

3. 茶籽采收与贮运

（1）茶籽采收。茶籽一般在10月中下旬成熟。茶籽成熟的标志是果壳成棕褐或绿褐色，背缝线微微裂开，种壳呈棕褐或黑褐色，富光泽，种仁饱满，呈乳白色。采收过早，种胚发育不全，种仁中淀粉和脂肪等物质的含量低，水分含量高，采收后易变质丧失发芽力，即使发芽，种苗的生活力很弱；采收过迟，大量茶果开裂，茶籽自行脱落，减少了种子产量。一般情况下，茶树70%以上茶果的果皮失去光泽，5%左右的茶果开裂时，即应采收。采收茶果，要及时、分批进行，做到先熟先收，后熟迟收，保证茶籽质量。

（2）茶果脱粒。采收的茶果要摊放在干燥、阴凉、通风的室内，摊放厚度不超过 10 cm，过厚易引起茶果发热霉烂变质。每天翻堆 1～2 次，以散发水分和热气，并使上、下层茶果失水均匀。同时避免暴晒，以免影响发芽力。摊放 1 周左右，大部分茶果开裂，经翻动，茶籽即脱壳而出。未开裂的茶果可继续摊放或人工剥去果壳，剔除虫蛀、霉变、空壳以及过小、过嫩的种子后，过筛（筛孔直径 12 mm）分级后贮藏或播种。

供翌年春天播种或外运的茶籽，应增加摊放时间，待茶籽含水量达到 30%左右时贮藏或包装外运。

包装方法视运输距离而定。长途运输宜用竹或木箱包装；短途运输可用干净的麻袋包装。包装好的茶籽应注意堆放高度，以防压损，并预留空隙，以利通风透气。运输途中要注意防晒、防潮、防雨，以免茶籽发热霉变。茶籽运到目的地后，要立即拆去包装，及时播种。

（3）茶籽的贮藏。当年不播种的茶籽需进行贮藏。贮藏过程中，应保持低温干燥，适当通气。要求温度 5～7℃，相对湿度 60%～65%，茶籽含水量 30%左右，有效保存期 6 个月。茶籽的贮藏方式很多，根据贮藏期不同，有短期贮藏和长期贮藏。另外，量大时常用的贮藏方式有室内分层沙藏、室外沟藏、室外畦藏和简易贮藏。

①短期贮藏：贮藏期 1 个月以内的属短期贮藏。准备外运的，可用麻袋装盛，放在干燥阴凉室内，斜靠排列，不堆积；不需外运的，可将茶籽摊放地面不还潮的阴凉房间内，摊放厚度 15 cm 左右，用稻草覆盖，以防干燥失水。

②长期贮藏：贮藏期在 1 个月以上的属长期贮藏。茶籽数量不多，可用箱、篓、桶贮藏，量大时可用沙藏、沟藏、畦藏。

③室内分层沙藏：选择朝北或朝西北的阴凉房间，先在地面铺一层干草，再铺炭沙混合物（用 3 份细沙、2 份炭屑拌成）或干净

细沙，厚 5～6 cm，上铺茶籽，厚 10 cm 左右，再撒一层炭沙混合物或细沙，以茶籽不露出为度，如此相间铺茶籽 5～6 层，最后在上面覆盖一层干草。贮藏数量多的，可设置若干个通气筒。

④室外沟藏：适合贮藏大量茶籽。选地势高且干燥、排水良好、朝北的地方，挖掘贮藏沟。沟深 25～30 cm，宽 100 cm，长度依茶籽多少而定。敲实沟底、沟壁，薄铺一层稻草后，倒入茶籽，厚 10 cm，上面再铺一层稻草或细沙，以茶籽不露出为度。如此相间铺茶籽 2～3 层，最后铺盖一层稻草，上面用泥土紧封成屋脊形。贮藏沟中部，每隔 1～2 m 设置一个通气筒，周围开设排水沟，以防积水。

⑤室外畦藏：选地势高的畦，畦面宽 1 m 左右，畦长视茶籽贮藏量而定。畦面上先铺一层细沙，再铺一层茶籽，厚 4～5 cm。如此相间铺茶籽 2～3 层，最上面铺细沙后盖土紧封，土上盖一层稻草。

⑥简易贮藏：可在干燥的室内铺一层厚 4～5 cm 的湿沙，上铺茶籽，厚度 7～10 cm。如此一层沙一层茶籽，可铺 3～4 层。最上面铺一层沙子盖一层干沙。湿沙的湿度以手捏成团松手即散为宜。贮藏堆的形状和大小视场地以便于操作为宜，堆的四周用砖块或木板拦挡。茶籽较多时，可在堆中竖几根竹篾编的气筒，便于空气流通。每隔半月左右检查一次贮藏堆内的温度、沙的温度和茶籽的含水量。以温度 5～7℃，相对湿度 60%～65%，茶籽含水量 30%～40%为宜。

不论采取哪种贮藏方法，均需每隔 1～2 个月抽样检查，及时清除霉变茶籽。

4. 茶籽播种与育苗　茶籽从采收至翌年 3 月以前均可播种。可茶籽直播，也可设置苗圃进行茶籽育苗。茶籽育苗的技术核心是设法促使胚芽早出土和幼苗生长。播种时需掌握以下关键技术。

（1）适时播种。茶籽的播种期一般为 11 月至翌年 3 月。由于茶籽的脂肪含量较高，且上胚轴顶土能力弱，故茶籽播种深度和时间对出苗率影响较大。播种盖土深度一般为 3～5 cm，秋、冬播比春播深，沙土比黏土深。穴播为宜。4 月以后播种出苗率低，幼苗易受旱、热危害，故冬播比春播好。

（2）浸种与催芽。浸种催芽可促使茶籽提前发芽，提高出苗率。将茶籽在清水中浸泡 2～3 d，每天换水 1 次。保留沉于水底质量较好的茶籽，剔除浮于水面的相对密度较小、质量低劣或变质、腐烂的茶籽。茶籽浸种后加温催芽。方法如下：把洗净的细沙用 0.1%高锰酸钾消毒，再将浸过的茶籽盛于沙盘中，厚度 6～10 cm，放在温室或塑料薄膜棚内，加温保持 20～30 d，每日温水淋洒 1～2 次，待茶籽种仁吸水膨大，外种皮开裂，有 30%～40%的茶籽露出胚根时，即可播种。经过催芽的茶籽，约可提早 20 d 发芽，且经过催芽的茶籽水分高，胚根外露，与干燥土块接触，容易失水受害，播种时要注意防旱。

（3）适当浅播和密播。适当浅播，保障茶籽得到充足氧气，呼吸作用加强，春季土壤升温快，胚芽能提早出土。但不宜播种过浅，造成茶籽被雨水冲刷裸露移位。因此，茶籽直播要注意覆土厚度，一般黏性土壤不超过 2 cm，沙壤土可覆土 3 cm。适当密播，利用茶籽群集胚芽顶土能力增大的特点，加速茶苗出土，达到“齐、全、壮”的要求。

目前的播种方式主要有窝播、撒播、单粒条播、窄幅条播及宽幅条播等。一般茶园（行宽 1.5 m，丛距 25 cm）每丛播茶籽 4～5粒，每亩* 用种量 7～9 kg，双行密植（行宽 1.5 m，小行距 30 cm，小丛距 25 cm）每丛播茶籽 3 粒，每亩用种量 25 kg 左右。育苗移植的，苗圃应设在新茶园附近，有良好的立地条件，便于茶苗起运。苗圃规格与一般林木苗圃类似，采用穴播，行距 20 cm，穴距 10 cm，每穴播茶籽 4～5 粒，每亩用种量 100～150 kg，覆土厚度同直播，畦面最好覆草保湿，播种前地面喷洒除草剂，防止杂草生长。

5. 茶树苗木出圃装运与调运 茶树苗木移栽的成活率，受苗

* 亩是非法定计量单位，1 亩≈667 米^2——编者注

木的起苗、包装、装运和栽培等因素制约，以前3项因素的影响最大。调运时需注意以下几项。

（1）起苗。当茶苗高度达20 cm，茎粗0.3 cm，叶色绿、无病虫害、有分枝，根系发达时，即可出圃。起苗后，视茶苗生长情况分级包装、分级移栽，使茶苗生长一致，及时剔除生长不良和有病虫害的茶苗。起苗时间以傍晚或阴天为最好。为减少叶面水分蒸发量，起苗时，对过高茶苗可在离地20 cm处修剪。另外，起苗时土壤必须湿润疏松，如果土壤干燥，可在起苗前1 d灌溉或洒水浇匀浇透圃地，使茶苗根系与土壤粘连在一起达到带土目的。

（2）包装。外运茶苗包装要细致，避免土壤从根须散掉。包装时一般每100株茶苗捆成一束，用泥浆蘸根，再用稻草打十字形包住茶苗根部，上部约一半露出外面，每5～10束绑成一大捆，起运前用水喷湿根部，保持湿润。出圃苗木应挂牌，标明苗木品种、生产单位名称、数量、出圃日期等。

（3）运输。根据茶苗数量多少和距离远近，分立装、平装和篓装。立装，保持茶苗站立装车，适宜单层装运，这种方式茶苗受压小，运量不多，但成活率高；平装，把茶苗头对头、尾对尾分层（2～4层）平放车上，运量大，适宜短距离运苗；篓装多用于长途输送，将成束茶苗装入篓或篾篮，篓上放棍，棍上放篓。长途运输时，苗木根部应用黄泥浆蘸根。装车时，苗木不能堆压过紧、堆放过高，装车后及时启运，设有防风、防晒、防淋措施。起苗后，来不及种植的苗木，应进行假植。为保证茶苗成活率，运输途中要避免茶苗相互挤压，注意通气、遮阳，防止日晒风吹，可在茶苗上遮盖草帘，途中洒水降温。茶苗到达目的地，应立即栽植。

（二）无性繁殖育苗

建立无性系良种茶育苗基地、发展无性系良种茶园是促进茶园快速发展的重要措施。

1. 母树培育 供剪取插穗的枝条称穗条，剪取穗条的茶树为母树，专供剪取穗条的茶园为母本园。建立扦插母本园必须采用无性系优良品种的原种苗，纯度 100%，品种特性应与生产的茶类相适应。母本园的栽植规格与采叶园相似。生长旺盛、新梢粗壮、节间长、着叶多的穗条利用率高，育苗效果好。母树培育应采取有利于育芽抽梢的管理措施，选择土层深厚、土质肥沃、地势平坦、阳光充足、交通方便的地段，注重增施有机肥，多施氮肥，促进茶树的营养生长，抑制开花结果。及时防治病虫害，防止将病虫害从母本园带入苗圃园。注意灌溉抗旱。

母本园茶树在剪取插穗前 10 d 左右打顶，摘除枝条顶端的一芽一叶或对夹叶，以抑制茶梢顶端优势，促进插穗枝条成熟、腋芽饱满。一般每千克插穗可得 350～400 个短穗，每亩苗圃大约需 700 kg 合格的穗条。

2. 建苗圃地 选择有足够水源、地势平坦、排水良好、交通方便，尤其是土质肥沃、土层深厚、结构疏松、透气性良好、肥料中等的沙壤土或轻质黏壤土建立苗圃，pH 为 4.5～6.5。选好后深耕 1 次，深度 30 cm 以上。第 2 次深耕在修建苗床前进行，深度 15～20 cm，碎土，平整苗床。

苗床长度一般 30～40 m，宽 1.2 m，畦高 15～20 cm，畦间沟宽 30 cm，四周开挖深 35 cm、宽 45 cm 的排灌沟。修建苗床时，视苗圃地的肥力情况施足基肥，一般每亩施腐熟饼肥 100～150 kg 拌过磷酸钙 60 kg，或施 1 000～1 500 kg 腐熟厩肥，均匀撒在苗床上，与土壤充分拌和、平整；然后将棕壤土均匀、平整地铺于苗床上，厚约 6 cm，消毒 1 h 后喷水，使苗床充分湿润。苗床整理要求做到“墒平如镜、沟直如线”。阳光强烈时采用遮阳网挡光。

3. 扦插方法 扦插时间应根据枝条成熟时间来确定。临沂茶区凡在茶树生长期，只要气候条件适宜，全年均可扦插，一般分春插、夏插和秋插。当平均气温达 25～30℃ 时扦插较为适宜。以 8 月上旬至 9 月上旬秋插尤为适宜，成活率很高。当母本园留养的新梢中下部呈红棕色或黄绿色，新梢开始木质化，顶芽停止生长，腋芽膨大或萌芽，叶片成熟时，即可截取穗条剪取插穗，通常一个节间可剪一个插穗，如节间较短，可将两节剪成一个插穗，剪去下端叶片，保留上端叶片。插穗必须是带有一个叶芽、一枚叶片的短茎，长约 3 cm（图 1-1）。

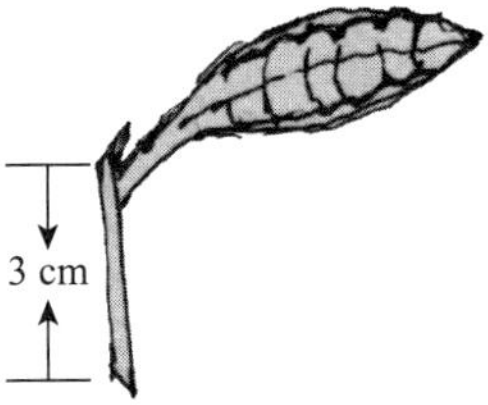

图 1-1　插穗的选取

扦插前 1 d，用细孔喷头将“基质土”喷湿。扦插当天，用 6 cm 宽的木板在苗床上划出行距。扦插时，用拇指和食指压住插穗的叶柄着生处，株距以互不遮叠为宜（行距 6 cm，株距 4 cm），所有短穗叶尖以 15°～30°的水平斜角朝向东面，扦插深度 3.0～3.5 cm，以叶柄基部触地但不埋入土中为度。注意不能将叶柄和腋芽插入土中，更不能让短穗下端接触到熟土层，否则难以成活。插好后立即浇水、遮阳。

4. 苗期管理　苗圃管理非常重要，“三分插、七分管”，短穗扦插成败的关键在于管理。苗圃管理主要包括遮阳、浇水、施肥、除草、防虫、培土、摘蕾等工作。扦插苗木在苗圃的生育期长达 1 年以上，前期重点抓遮阳和浇水，后期以除草、追肥和病虫害防治为重点，技术要点见表 1-1。

表 1-1　苗期管理技术

管理	技术要点
浇水	插穗离开母树后到生根前（40～50 d）均没有吸水能力，浇水要做到“勤浇少浇、保持苗床湿润”。扦插后每 3～5 d 揭膜浇水 1 次，以苗床微见积水为度。浇水要用细孔喷头，避免冲坏苗床。每次浇水完毕，应立即将薄膜盖好、扎紧。之后视天气情况减少浇水次数，以保持土壤湿润（不露白），拱棚空气湿度 85%以上为宜

（续）

管理	技术要点
温湿度调节	温湿度是决定插穗生根快慢和成活率高低的重要因素。茶树短穗扦插要求棚内温度保持在 18～25℃（土壤 15 cm 深处温度 20～22℃），空气相对湿度 85%～95%。棚内温湿度高于上限时，应将薄膜两头揭开通风降温，温湿度降至适宜时，再将薄膜捆扎密封好。棚内距地面高约 1 m 处悬挂温度计和湿度计，每天上午 10 时、下午 5 时各观察 1 次，以便及时调节温湿度
病虫害防治	棚内温湿度较高，插穗容易感染叶斑病，受小绿叶蝉、蚜虫的危害，必须做好防治工作。扦插后每隔 15 d 用 80%代森锌可湿性粉剂 600～800 倍液喷雾；插穗长根后可追施尿素。如叶部出现病害，应立即喷药。如有小绿叶蝉或蚜虫危害，可用 10%吡虫啉可湿性粉剂 3 000～4 000 倍液或 40%辛硫磷乳油 1 000～2 000 倍液对树冠进行喷雾，叶面、叶背均要喷湿，以达到良好的防治效果。药剂应交替使用，避免产生抗药性。秋冬季或早春用 0.5 波美度石硫合剂封园
除草除花蕾	除草掌握“除小、除了、除早、除少”的原则。当草长到 3～5 cm 时及时除草，全年除草 4～5 次，防止杂草丛生，这是培苗的关键。除草后浇水。应及时抹除扦插穗条长根发芽后长出的花蕾，避免开花消耗养分，影响穗条成活
遮阳盖膜	10 月底前，气温较高，用遮光度 70%的遮阳网遮阳；根据大棚内温度适时调节，一般棚内温度控制在 15～30℃。10 月底以后气温开始下降，为提高棚内温度、延长幼苗生长时间，应加盖防冻材料
施肥培土炼苗	当茶苗长出 4～6 枚真叶，顶芽第 1 次生长休止时，进行第 1 次追肥，每亩撒施尿素 4～5 kg，之后每月每亩苗圃地追施 5～7 kg 茶叶专用肥，于上午 10 时前露水干后均匀撒施或用腐熟清粪水浇施。每次施肥后用清水浇洗叶面，以免肥料灼伤叶片。经常培土防止扦插穗露根枯死，培土时不要将叶子埋入土中。气温下降或阴天时，可揭去遮阳网炼苗；根系长出、新梢叶片生长时可揭去薄膜炼苗

5. 保质出苗　出圃茶苗一般高 15～20 cm，茎粗不小于 0.3 cm。临沂茶区一般在 10 月中下旬起苗，起苗前可将高于第 1 次定型修

剪高度的枝叶剪去，注意保护根系，避免损伤，并保持湿润。做到随挖、随运，不积压，到达目的地立即栽植。

按 4 cm×6 cm 的株行距扦插，每平方米可插 417 个短穗，按 70%的土地利用率计算，每亩有效面积 0.7 亩，可扦插 19.44 万个短穗，按 80%的成活率计算可以出圃茶苗每亩 15.55 万株，以每亩植茶苗 6 000 株计算，每亩苗圃可供应 25.92 亩新植茶园栽植。

第二节　新茶园的规划与建设

茶树是多年生木本经济作物，一次种植多年收益，建设的基础工作对以后产出影响很大。建设过程要高标准、严要求，建园质量要好。

一、新茶园的标准与要求

茶园建设应坚持高标准，高质量。力争实现茶区园林化、茶树良种化、茶园水利化、生产机械化、栽培科学化。

1. 茶区园林化　要因地制宜、全面规划，充分利用自然条件，建立高标准茶园。茶园要相对集中，在原有茶园面积基础上，以改造为主，添建新茶园，使园地成块，茶行成条，适于专业经营。并在适当地段营造防护林，沟、渠、路旁、园地四周要多种树，美化茶区环境，建立现代化生态茶园。

2. 茶树良种化　要发挥良种优势，尽量采用良种，逐步更新单产低、品质差的不良品种，提高良种化水平。要合理确定主栽品种和搭配品种，利用各品种的特点，取长补短，从鲜叶原料上，充分发挥茶树良种在品质方面的综合效应。

3. 茶园水利化　要广辟水源，因地制宜发展灌溉，不断提高抗旱抗涝能力。茶园建立应有利于水土保持，建园坡地以 25°为限，25°以上坡地以造林为主，建园时不要过度破坏植被，防止水土流失。基地内原有沟道、蓄水池等设施，力求做到雨水多时能蓄能排，干旱需水时能引水灌溉；小雨、中雨水不出园，大雨、暴雨不冲毁农田。

4. 生产机械化 茶园规划设计、园地管理、茶厂布设、产品加工和运输等，要适应逐步实行机械化的要求。

5. 栽培科学化 运用良种，合理密植，改良土壤，在重施有机肥的基础上适施化肥，做到适时巧用水肥，满足茶树对养分的需要；根据病虫害发生规律，采取综合措施，控制病虫与杂草的危害；正确运用剪采技术，培养丰产树冠，逐步达到高产、优质，低成本、高效益的目的。

二、茶园规划

根据建园的目标、茶树自身的生育规律及所需的环境条件，做好园地选择和茶园规划工作，是茶园建设的重要基础。

（一）园地选择

新茶园必须建立在生态条件良好的地区，尽量选择山地和丘陵的平地或缓坡地、周围生态环境较好的地段。着重考虑土壤、气温、降水量、地形地势、生态环境等因素。

1. 土壤 土壤条件的好坏，直接影响茶树的生长发育、外部形态特征和生理功能的正常发挥。茶园土壤要求土层深厚，结构良好，有效土层在 1 m 以上，有机质含量丰富，一般应为 1.2%～1.7%。茶树怕旱怕涝，要求土壤通气、排水、保水性良好。

茶树喜欢酸性土壤，在中性或微碱性土壤里难以成活。选择土壤时要注意调查土壤酸碱度（pH）。适宜茶树正常生长的土壤，要求有一定的酸碱度范围，即 pH 为 4.5～6.5，以 pH 5.5 为最宜。酸性土壤可用酸碱指示剂或 pH 试纸检测，也可通过地表指示植物识别，酸性土壤指示植物有映山红（杜鹃）、铁芒萁（芒萁）、杉木、油茶、马尾松等。

茶树是嫌钙植物，在碱性土壤或石灰性土壤中不能生长或生长不良。据相关研究，若土壤中含钙超过 0.05%时，对茶树品质有不良影响；超过 0.2%时，有害茶树生长；超过 0.5%时，茶树生长受到严重影响。因此，一般石灰性紫色土和石灰性冲积土，以及因种植其他作物而施用过量石灰的酸性土壤，都不宜种茶。

2. 气温 茶树喜温，生长要求年平均温度大于13℃，年活动积温3 500℃以上，活动积温越多，年生长期越长，年产量就越高。但是，不同茶树品种对热量的要求指标不同。在新建茶园时，应因地制宜选择适栽品种。

3. 降水量 水分是茶树组织的重要组成成分，是茶树生命活动中一切生物化学反应的介质和基质。茶树所需水分主要来自土壤和空气中的雾。降水量直接影响土壤含水量和空气相对湿度。土壤含水量的影响因素很多，主要受降水制约，而土壤含水量与空气相对湿度呈正相关。若土壤含水量和空气相对湿度偏低，茶树生长就差，产量和品质都会下降。茶树生长期间，空气相对湿度以80%～90%为宜，若空气相对湿度降到50%以下，就会影响茶树生长。因此，选择园地时一般要考虑降水量分布，要求年降水量在1 500 mm左右，生长期间月降水量最好在100 mm以上，以满足茶树生长需要。

4. 地形地势 新茶园建立，要考虑地形、地势条件。尽量避免选择风口、山顶地带，以在半山坡种茶最适宜。一般选择地势不高的缓坡地，5°～15°的坡度较为适宜，最大不能超过25°，这样既适于机械化生产，又具有良好的排水性。同时，还要考虑交通方便，水利、电力、人力资源、有机肥源丰富，畜禽饲养条件良好等诸多方面。

5. 生态环境 新茶园建设中，除将气候、土壤及地形地势等作为选择园地的主要条件外，还应把符合绿色食品产地环境质量要求作为标准，努力建设具有良好生态系统的绿色茶园，以适应国内外消费市场对优质茶叶的需求。一般应选在远离城市和交通要道的郊区或山区、库区。这些地方通常自然生态条件好，林木葱郁，土层深厚肥沃，环境气候适宜，无工业“三废”的直接污染，可为优质茶叶生产奠定基础。

（二）园地规划

新茶园建立，应做好整体规划。首先，要考虑保护茶园土壤、有利于茶树优良生态环境的形成。同时，便于茶园生产管理和机械化。具体规划时要做好勘探调查，对地形地势、土壤类别、原有植物、水源、电源等做好记录，因地制宜，科学进行土地规划，合理布局道路系统、排灌系统、遮阳树、防风林以及隔离林带，为茶园丰产奠定良好基础。

1. 土地分配与主要建筑物布局　在建设新茶园时，要对茶园土地科学规划，有条件时可考虑适当面积的粮食作物用地、饲料用地、茶场员工的生活设施、主要建筑物等，力求建成高质量的生态茶园。对比几个大型茶场土地利用情况，提出了用地比例方案，以供参考：茶园占茶场土地总面积的70%；粮食作物用地5%；蔬菜与油料作物用地2%；饲料基地5%；果树等经济作物用地5%；生活用房及畜牧点用地3%；道路、水利设施用地4%；植树及其他用地6%。

茶园主要建筑物布局要合理。规模较大的茶场，要设置场部，确定地点时考虑便于组织生产和行政管理，茶厂和仓库运输量大，交通要畅通；生活区与生产车间尽量分开，保持一定距离。茶场场部在占地面积上应有一定的发展空间，建筑物之间避免相互干扰。

2. 茶园区块划分　种茶区域确定后，进行土地分区划块，便于茶园生产管理。根据地形可将土地分成区、片、块，用防护林、隔离沟、主干道作为区的分界线，独立的地形或支道可作为片的分界线，片内可用人行道划分成若干植茶地块，以面积为0.35～1.0 hm^2的正方形或矩形为好，不需强求一致。面积太小，道路分布过密、土地利用率低，不利于茶树生长和机械化作业；面积过大，不利于生产资料和茶树鲜叶的运输。地块的长、宽要适合茶行安排，地块走向尽量一致。以茶树行距1.5 m计算，地块宽度以60～75 m为宜，每地块可种植40～50行茶树；长度视地形实际情况决定，一般50 m左右为宜，不要超过80 m。茶园地块的划分，要便于田间管理、采茶和机械化操作，充分提高土地的利用率。

3. 道路网设置　在新茶园地块划分的同时，应合理布局道路网络。在若干块茶地之间设置主道，与通向茶叶加工厂和办公场所的公路相连，用于生产资料和鲜叶运输；每块茶地之间设置支道，以便茶园耕作和采茶机械进出；每块地内设置步道。面积在30 hm^2以内的小型茶场，只设置支道和步道。预留行道树、排灌系统用地。

（1）主道。主道是茶树鲜叶生产基地通向茶叶加工厂和基地办公场所的通道，要根据茶园规模决定园地内部是否设置主道。总面积 50 hm^2以内的茶园，在园地四周设置主道，茶园内部一般不设置，避免浪费土地。总面积 50 hm^2 以上的大型茶园，在园地中间设置主道，要求连接各作业区，并与厂部、生产车间及附近公路的交通要道相通。主道宽度以能使两辆汽车或拖拉机顺利交错通行为宜。梯形茶园的主道，可采取隔若干梯级空 1 行不种茶树作为道路。

（2）支（干）道。支道一般与主干道垂直，与人行道连接，是主干道的辅助道路，连接生产基地内部地块。支道一般每隔 300～400 m 设 1 条，主要用于机械进入园地生产，以及小型车辆运输肥料和鲜叶。

（3）步道。步道供生产和管理人员进出茶园使用，是园地内部地块之间的通道，方便生产资料和茶树鲜叶的运输。通常每隔 50～80 m 设 1 条步道，宽度以可通行三轮车或板车为宜。坡度在 20°以上的茶园，应设之字形上山步道，降低运送生产资料的劳动强度。

4. 排灌系统设置　水分直接影响茶树正常生理代谢活动，缺水会导致茶树产量和茶叶质量下降。苗期茶树需要足够的水分，否则会大大降低移栽后茶苗的成活率。但是土壤地下水位过高，土壤湿度过大，会导致茶苗根系缺氧而生长发育不良，甚至窒息死亡，影响新茶园成园和成园后的产量。因此，新茶园规划时，必须结合当地情况，设计排灌系统。

茶园排灌系统要求设保水、供水、排水设施，争取做到中小雨水不出茶园，大雨暴雨泥不出沟，需水时能引水灌溉，各项设施应有利于茶园机械化管理。一般茶园排蓄水系统应包括防洪沟、主沟、支沟蓄水池和渠道。

（1）防洪沟。茶园与森林（荒郊地）交界处、茶园的边缘应设置防洪沟，拦截雨水冲入茶园，并把沟内水流引入塘池或水库。一般沟深 50 cm，宽 60 cm，沟壁 60°倾斜。

（2）主沟。开设主沟的目的是在雨季防止大量地表水冲入茶园和农田，使多余的水流入防洪沟，需水时又能引水送入支沟。一般在沟的适当部位建蓄水池，可容水 5～10 t，在干旱季节积蓄部分雨水，用于施农药、叶面施肥和灌溉。主沟两端连接防洪沟，能通过防洪沟排出雨水。一般平地茶园 200 m 左右设 1 条；坡地茶园在茶园上方和下方交界处沿等高线每隔 10 行开设 1 条主沟。一般沟宽 20～30 cm，深 30 cm。

（3）支沟。平地茶园一般在步道两侧开沟，坡地茶园在直步道两侧开沟和横步道内侧开沟。沟宽 15 cm，深 20 cm。

（4）蓄水池。每 1.5～2 hm^2 茶园建一个容积为 5～8 m^3 的蓄水池。一般设在纵沟与横沟的出口处或设在排水不良的积水处。

（5）渠道。渠道的作用是引水进茶园和将渍水排出茶园，分干渠和支渠。为扩大茶园的受益面积，坡地茶园应尽可能地把干渠抬高或设在山脊。按地形地势可设明渠、暗渠或拱渠，两山之间用渡槽或倒虹吸管连通。渠道应沿主道或支道设置，坡地茶园若按等高线开设渠道，渠道应占 0.2%～0.3%的比例。

5. 茶园林木栽植

（1）防护林。防护林以抗御自然灾害为主，减轻寒灾、旱灾、风灾对茶树的危害，改善茶园小气候，最终达到高产优质的目的。防护林还能阻隔污染物，降低外界污染物对茶园的危害。

建立新茶园时应保留原有的部分林木，结合绿化造林，建立防护林带。防护林的位置应设在茶园北面或西北面的山脊上或茶园的迎风口，林带宽度以 8～10 m 为宜。临沂茶区冬季偏冷，建园时要注意在挡风面与风向垂直，或成一定角度（不大于 45°）的方向建立主林带，阻挡寒流袭击并扩大背风面。茶园内的沟渠、道路两旁植树设副林带，改善茶园小气候，形成防风网。在冻害和风害不严重的地区，可在园内道路和沟渠两旁栽树，园外迎风口种植经济林、水土保持林或风景林。

防护林的防护效果，一般为林带高度的15～20倍，有的可达25倍，如树高维持20 m，可按400～500 m距离设置一条主要林带，栽乔木型树种2～3行，行距2～3 m，株距1.0～1.5 m，前后交错，两旁栽灌木树种。

防护林的树种可根据当地自然条件选择。临沂地区常用的有松树、白杨等。

（2）行道树。建立新茶园时，在茶场的道路、沟渠两旁以及住宅四周，栽种乔木、灌木树种，相间排布，可选种果树、经济速生木、多年生绿肥等，既美化环境，又保护茶树，还有额外的经济收入，更为茶园提供肥源，改善土壤结构。若道路与茶园之间有沟渠相隔，可以在沟渠两旁栽种苦楝等根系发达的树种，有利于水土保持。

茶园行道树可沿茶园干道和支道两旁呈品字形排列种植，每10 m左右种1株。行道树以分枝较高的乔木型树种为好，对道路的通行影响较小。

（3）遮阳树。茶树在漫长的系统发育过程中，形成了喜光喜温、耐阴喜湿、忌强光照射、喜散射光的特性。据研究，茶树只需全光照的70%，其遮阳覆盖度控制在30%左右为宜。建立新茶园时可合理种植遮阳树，有利于降低夏季茶园、树冠及土壤的温度并减少光照，增加空气相对湿度，提高土壤含水量，调节茶园小气候，降低旱害和热害。茶园合理种植遮阳树，还能降低水土流失，保持土壤肥力，为茶树生长发育营造良好的生态环境，有利于幼龄茶树的移栽成活，提高成龄茶树新梢的持嫩度，增加茶树产量和改善茶叶品质。

（4）推行机械化采茶是茶叶生产发展的必然趋势。但是，在茶行或茶园内部种植遮阳树不利于田间机械化作业。在生产实践中，应根据机械在茶园管理中的运用情况，适时做出妥善安排。

（5）树种的选择与搭配。防护林和行道树的树种最好选择适宜本地栽种，不与茶树争夺水肥，且与茶树没有共同病虫害的经济树种，有利于改善茶园的生态环境，保护茶园生态系统的平衡和生物群落的多样性，能给害虫的天敌创造良好的栖息繁殖场所，形成以虫吃虫、以园养园、以茶养园的生态防治系统。选择树种时还应乔木与灌木相结合，针叶与阔叶相结合，常绿与落叶相结合，灌木宜选择可作为绿肥的树种。据经验，较理想的防护林和行道树种有黑松、苦楝、泡桐、马尾松、侧柏等。

如果选择的树种是具有较高经济价值的速生树种，不但能提早成林，还能产生额外的经济效益，达到茶、林产品双丰收，增加茶园总收入。

三、园地整理

园地整理是新茶园建设的基础工作，以园地的总体规划设计为依据，以水土保持为中心，深翻改土为重点，选择适宜的开垦时期，采取正确的农业技术措施。

（一）季节的选择

沂蒙茶园的开垦一般选在降水量较少的秋、冬季节进行。秋冬季开垦，还可以缓和开垦工作与农作物争夺劳力的矛盾。

（二）地面清理

园地开垦前，要清理地面。保留防护林带附近的全部植被。为道路、水沟两侧的树木做好标记，保留使用，原则上大树都要保留。这样既可减少砍伐树木，保护生态，同时减少行道树种植所需树苗和对树苗的培育工作量，节省开支，对其他树木和杂草全部刈除。

具体操作时，先砍除必须砍伐的树木，连根清除。然后刈割并挖除柴根和多年生草根。刈除后的杂草可以作为堆肥或烧焦泥灰的材料，充作茶园肥料，如杂草数量不多，可在开垦时将其翻入土层深处，用以提高茶园土壤有机质含量，蕨类、茅草等宿根类植物的块根、根茎生存力特别顽强，必须彻底清除，否则建园后会快速恢复生长，很难除尽。

刈除多余植被后，清理园地内部乱石，作为道路、水池、水沟等的建材，清理深度为距地面 1 m 以上。园地内部如有白蚁，应尽快灭除，以免危害茶园。

（三）开垦技术

土壤是茶树生长的基础条件，开垦时无论坡地状况和土壤性质如何，必须深翻、促进土壤风化，改善底层土壤结构。

1. 平地及缓坡茶园的开垦 平地茶园由于地势平坦，一般地形规则，开垦工作相对容易。若是生荒地，一般要进行初垦和复垦两次深耕。

初垦全年均可进行，尽量安排在秋、冬季节，耕翻后的土块经日晒雨淋或严寒冰冻，更有利于土壤熟化。初垦时最好用挖掘机深翻土地，深度达50 cm以上，对于地面高低差异较大不利于茶行布置和田间管理的地段，要适当平整。耕后的土块不必弄碎，以利于蓄水和风化，提高土壤深耕效果。地面杂草清除后深埋，增加土壤肥力。

复垦一般在茶树种植前进行，深度30 cm左右，垦挖时应将土块打碎，避免下层土壤形成空洞影响茶树根系吸收水分，导致茶树生长发育不良。同时，复垦时要进一步清除前期未能除去的草根和树根，平整地面。复垦工作完成后，即可划行种植。

预留作为干道和支道的部分，不必开垦。一方面可以减少开垦工作量，另一方面可保持土壤结实，有利于道路建设。坡度在15°以下的丘陵地或山脚缓坡地的开垦，按照平地茶园初垦和复垦的要求进行。但由于地形比平地茶园复杂，开垦时要根据坡度大小、道路网、水系沟渠等设计要求，分段开垦。缓坡地的地表是倾斜的，可沿等高线横向开垦，使坡面达到相对一致，转弯处遵循“大弯随势，小弯取直”的原则。少数因长期冲刷而水土流失严重的坡面，推平后应加培客土，使园地平整、表土层厚度达到种植要求。

2. 陡坡梯级茶园的开垦 坡度大于25°的地段一般不提倡种茶，如需种茶，应修整成水平梯级茶园。水平梯级茶园是在山坡上沿等高线一层一层修筑的梯面水平、梯壁整齐的台阶式茶园。修建水平梯级茶园可改造地貌，消除或减缓地面坡度，是山坡地保持水土的有效措施。

水平梯级茶园有拦泥蓄水，减少冲刷；便利耕作，有利灌溉；增加地力，高产稳产的作用。建设要求：梯面宽度应便于日常作业，更要考虑机械化作业；能最大限度地控制水土流失，下雨能保水，需水能灌溉；梯田长度以 60～80 m 为宜，同梯等宽，大弯随势，小弯取直；梯田外高内低，外埂内沟，梯梯接路，沟沟相通；施工开梯田，要尽量保存表土，回沟植茶。

3. 水平梯级茶园的规格　水平梯级茶园的梯面宽度随坡度而定。茶树行距 1.5 m，加上内侧沟宽，每种植一行茶树的梯面宽度应在 2 m 左右，种植两行茶树应在 3.5 m 左右，依此类推。在可能的条件下，梯面应尽量做宽，便于田间管理和机械操作。局部地段因坡度变化，出现等高不等宽的现象，可以插短行弥补，使茶园面貌整齐美观，提高土地利用率。

修筑梯级茶园前要进一步勘测规划地形，测出不同地段的坡度，定好基线和梯级等高线，确定整个作业区的修筑台数、梯面宽度和梯壁高度，并据地形条件布设田间道路和渠道，组织现场放线和施工。

（四）梯级茶园的修筑

自下而上修筑梯层，自山坡最下方茶行等高线开始，采用里挖外填，生土筑壁，整理出第一层梯级，然后将上一层坡面表土取下，作为梯面用土；然后修筑第二层梯级，将第三层表土覆在第二层梯面上，依次逐层向上修筑，这种方法称为表土保留法。这种方法可以达到“生土筑巢，表土盖面”的要求，同时容易掌握梯面宽度，保证施工质量。修筑梯级时要着重修筑梯壁和整理梯面。

1. 修筑梯壁　梯壁质量的好坏，直接影响梯层的稳固性。按照因地制宜、就地取材的原则，梯壁通常有石坎、草皮坎和泥坎 3 种类型。草皮坎和泥坎的梯壁高度依坡度大小和土质状况而定，不宜过高，尽量控制为 1～1.5 m。

各种类型梯壁的修筑方法基本相同。首先以等高线为中心线，清除表土，挖至心土，做成宽 50 cm 左右的倒坡坎基，踏实夯固。如果是筑泥坎，应在坎基上植生土，边捶紧边夯实，宽度在 30 cm

以上，至梯壁筑到一定的高度，再从该梯的内侧取土，一直堆筑而成，并随即捶紧梯壁。

筑草皮坎与筑泥坎方法相同，首先挖出倒坡坎基，将挖取的草皮砖分层顺次倒置在坎基上，上一层草皮砖应紧压在下层草皮砖的接头处，成品字形排列，依次逐层叠成，如有缺口夹缝，须填土打紧。修筑泥坎和草皮坎梯壁，筑坎、拍打、填土密切配合进行。

在土层薄、石料相对丰富的山区，可修筑石坎梯田，就地取材，降低成本。石坎梯田挡土墙底部应清基并开挖结合槽，以保证原坎与地面能良好地结合，防止挡土墙塌陷或滑动。石坎挡土墙一般先用较大、规则的石料搭砌而成，大石在下，小石在上，大面向外，间隙填以细石和土料，增大衔接面，提高整体性能，回填土层不低于梯田耕作层，田面基本填平，使同一层梯田田面平整，以便耕作。

2. 整理梯面 梯壁修筑完成后，整理梯面成外高内低的倒坡形。梯坎内侧因取土做坎，土层较实而浅薄，需深翻施入有机肥，以利于土壤改良和茶树根系的生长。

3. 梯级茶园的养护 坚持治理和养护并重，加强梯级茶园的日常维护。每年冬季对道路、水利设施进行全面检修；特殊天气、雨季，特别是暴雨后，及时检修水利系统，修整倒塌损毁梯壁；泥坎梯级茶园，可在梯壁上种植多年生牧草、绿肥等固土植物保护梯壁；梯壁杂草视情况每年刈割 1～2 次，用于覆盖茶园，或作牲畜饲料和垫草，切忌带土铲削。

第三节 茶树种植

茶树种植要着重关注茶树良种选用、种植技术、幼苗期管理等几项工作。

一、茶树良种选用

茶树品种是茶叶生产最基础、最重要的生产资料，也是茶业可持续发展的物质基础。良种良法结合才能培育出优质、高产茶园。

1. 茶树良种的选用原则 茶树良种的选用与推广是提高茶园单产，改进茶叶品质，增强茶树抗性，降低生产成本，实现茶叶优质生产的根本措施。尤其新建茶园，应根据气候、地理条件，合理选用无性系良种和其他优质、高产、经济性状好的茶树良种。

2. 茶树优良品种 我国茶树良种资源丰富，现有茶树栽培品种600多个，有较大栽培面积的达250多个。在沂蒙茶区，广泛栽培有福鼎大白、龙井长叶、浙农118等。实践证明，不论原有的地方良种或新育成的良种，只要良种良法结合，均能显现出种植良种的优越性。

3. 茶树良种选用与搭配 新建茶园，应遵循茶树良种选用的原则，科学合理搭配茶树品种。茶树良种选用应注意以下几点。

（1）根据茶园气候、土壤和茶类的安排，有目的地选用茶树优良品种，形成茶园品质特色。茶树品种要有目的地合理搭配，一般选用一个当家品种，面积约占种植面积的70%，其他搭配品种约占30%。

（2）合理搭配不同品质特色的品种，并按比例栽种，以便能将香气特高、滋味甘美、颜色浓艳等不同品种的鲜叶，分别加工后进行拼配，提高茶叶品质。

（3）选用品种时注意早、中、晚生品种搭配，既可以错开茶叶采摘、加工高峰期，缓解劳动力不足的问题，还可以充分利用加工厂房和机械设备，减少闲置和浪费。栽种时注意同一品种相对集中栽培，以便管理。

二、种植技术

（一）优选茶苗

根据国家《茶树种苗》标准（GB 11767—2003）规定：无性系大叶品种一年生扦插苗高不得低于25 cm，茎粗不小于2.5 mm；无性系中小叶品种一年生扦插苗高不得低于20 cm，茎粗不小于2.0 mm，扦插苗的质量要求至少达到二级以上。具体指标见表

1-2、表 1-3。

表 1-2 无性系大叶品种茶树苗木质量指标

级别	苗龄	苗高（cm）	茎粗（mm）	侧根数（条）	品种纯度（%）
Ⅰ	1 年生	≥30	≥4.0	≥3	100
Ⅱ	1 年生	≥25	≥2.5	≥2	100

表 1-3 无性系中小叶品种茶树苗木质量指标

级别	苗龄	苗高（cm）	茎粗（mm）	侧根数（条）	品种纯度（%）
Ⅰ	1 年生	≥30	≥3.0	≥3	100
Ⅱ	1 年生	≥20	≥2.0	≥2	100

（二）种植规格和茶行布置

种植规格是指茶园中的茶树行距、株距（丛距）及每丛定苗数。布设茶行时，首先要确定种植规格。合理的种植规格，能提高茶树对光能的利用率，加速茶树封行成园，投产期提前；其次要有利于水土保持、适宜机械化作业；再次要方便田间作业，使茶树充分利用土地面积，促进茶树正常生长发育。实践表明，合理的种植密度，可实现茶树快速生长，“第一年种植、第二年开采、第三年高产”的目标。

常用的种植规格有以下两种。

1. 单行条植 “区田”栽培。行距 1.2～1.5 m，丛距 0.3 m，每丛栽 2 株茶苗，每亩种植茶苗 2 600 株左右。

2. 双行条植 “区田”栽培。大行距 1.2～1.5 m，每行种植 2 排茶苗，小行距 0.3 m，丛距 0.3～0.4 m，每丛种植 2 株茶苗，每亩种植茶苗 4 300 株左右。双行条植茶园中，两小行茶丛间应成品字形交错排列，以使茶树在茶园中形成更均匀的空间分布。

种植规格确定以后，还要确定茶行在园地中的具体布置方式。按种植规格测出一条种植行作为基线，平地茶园一般以干道或支道作为依据，基线与之平行，留 1 m 宽边画出第一条线作为基线，以此基线为准，按种植规格的行距，依次用石灰画好种植沟线，原则上在每块茶园中整行排列，中间不断行。坡地茶园的茶行按等高线排列，内侧留水沟，外侧留坎埂。

（三）种植前整地与开沟施基肥

1. 种植前整地 种植茶苗前，要对新开垦的土地进行整理，根据种植密度统一整理成行，深挖开沟施基肥。一般以种植沟轴线为中心，沿茶行开种植沟，沟宽 30 cm，深 50 cm。

2. 开沟施基肥 在种植沟内施入基肥，单行条植茶园每亩施腐熟有机肥 2 000～4 000 kg，复合肥 80 kg 左右；双行条植茶园每亩施腐熟有机肥 3 500～5 000 kg，复合肥 80～100 kg。施肥后覆土，并将其平整，覆土厚度 15～20 cm。施基肥后间隔一段时间再种植茶苗。

（四）茶苗移栽

种植沟整理好后，开始种植茶苗。影响茶苗移栽成活率的因素主要有：移栽季节、茶苗质量和移栽技术。

1. 移栽季节 在具有有效防护措施的茶园内，可于秋、冬季移栽茶苗。这时，茶树地上部分生长休止，地下部分根系生长相对旺盛，根系有足够的恢复时间，第二年春季，茶苗即可正常生长，形成较健壮的幼龄茶树，安全度过不良环境。

无有效防护措施的茶园，可在翌年春天移栽，虽然当年的生长量不如前一年秋、冬季移栽的茶苗，但避免了冬季冻害，保障了茶苗成活率。

2. 茶苗质量 茶苗移栽成活率还与起苗作业有关。茶苗的大小在起苗时已经无法改变，但起苗作业时带土多少是可以控制的。在苗圃中，茶苗根系与土壤紧密接触，如果起苗不带土，会造成吸收根断裂脱落，影响茶苗生长。为了达到起苗带土、减少根系损伤的目的，起苗最好在雨后晴天的早晨或傍晚进行，这时土壤湿润，阳光较弱，可以减少茶苗的水分损失，保持茶苗的鲜活度，有利于移栽成活。如果移栽时是无雨天气，可在起苗前 1 d 对苗圃灌水，使土壤湿润。起苗时，及时剔除有严重病虫害、品种变异或不纯的劣苗。茶苗长途运输，很难大量带土，起苗时要注意保护根系，减少根部损伤，用黄泥浆蘸根后用湿草包捆。运输途中要防止苗木堆积过厚，减少因发热造成的落叶伤苗，避免影响成活。苗木到达目的地后，需要及时栽植，否则要在排水条件良好的地方假植保苗。

3. 移栽技术 茶苗移栽一般采用沟植法。茶苗移栽时，在施好基肥并覆土的种植沟上画线定行，茶苗放置深度以每株茶苗的根颈与地面平齐或略低于地面为宜。过深根颈上方生长不定根，不利于下部根系生长；过浅导致根颈外露，根系吸水困难，且容易被太阳晒干，影响成活率。

具体栽植方法是用黄泥浆蘸根（带土移栽不需蘸根）后，用一只手将茶苗扶在种植沟中，使茶苗垂直，根系保持舒展状态，另一只手将松土填入沟内，填土到约一半深度时，稍将茶苗向上提动，使根系舒展，按压周围土壤，使下部根土紧接，茶苗立稳，土壤与根系紧密接触，然后继续填土并压紧，直至茶苗根颈处为止。检查茶树种植质量的办法是用手捏住茶苗茎秆，稍用力向上提拔，不能轻易拔起即为种植质量良好。相反，轻轻用力就能将茶苗拔起，表明没有种好，需重新用脚压紧，保证种植质量。然后浇足定根水，确保茶苗根部土壤完全湿润，边栽边浇。新栽茶苗根系与土壤间有很多空气，没有完全接触，根系吸收不了土壤中的水分，因此无论晴天或阴雨天，一定要浇足定根水。如果条件允许，浇水后可在茶苗根颈两侧铺一层干草、稻草或秸秆等，提高保水效果，并剪除离地面 20 cm 以上的茶苗枝叶，减少水分蒸发。

三、幼苗期管理

幼苗期管理主要指茶苗移栽至栽后两年这段时间的管理，这是关系茶苗成活率、茶苗正常生长发育和新建茶园成败的关键时期。必需高水平、高标准管理幼龄茶园，才能快速成园，早投产，早收益。主要管理内容涉及树冠培养、抗旱保苗、科学施肥、土壤除草、缺苗补栽、病虫害防治等方面。

(一) 树冠培养

茶树幼苗期定型修剪的作用主要是促进分枝，控制高度，加速横向扩展，使骨干枝粗壮、树冠分枝结构合理，为培养优质高效树冠骨架奠定基础。

(二) 抗旱保苗

水分管理关系到茶苗种植后的成活情况。根据气候条件，在干旱季节，种植后 1 周，每天浇水 1 次，以后依次减少；浇水时间在每天下午或傍晚，强光高温的中午不能浇水，浇水必须透彻。雨天特别是大雨、暴雨后要做好排水工作，避免长时间积水。首次定型修剪后的 1 个月内，如没有雨水，要每 5 d 浇水 1 次，保持土壤湿润，有利于根系萌发新根。

茶苗对光线较敏感，耐阴性强，从苗圃移栽到大田，对光的适应性差，小苗植株幼嫩，叶片角质层薄，蒸腾作用大，容易烧伤。移栽后注意遮阳，可搭建遮阳棚，也可插树枝叶，或间作大豆、玉米等遮阳物，遮阳度控制在 60%左右。

新茶园还可铺草覆盖，保湿保温，抑制杂草滋生。覆盖材料有稻草、作物秸秆、修剪枝叶等有机物料。覆盖厚度约 10 cm，视情况每 1～2 年重新覆盖 1 次。覆盖材料腐烂后翻埋入土，能改善土壤理化性状，提高土壤肥力。

(三) 科学施肥

按照生长发育规律，茶树每季均长一次新梢。故在茶树生长季节之前，需要提供充足的营养，以促进新梢正常生长发育。

茶苗移栽 3 个月左右，用 1%尿素液肥浇淋根部，补充肥水。3 个月以后，分别在 5 月中旬和 8 月上旬开挖浅沟撒施尿素，每亩施尿素 10 kg，施后盖土。11 月以后挖深沟施有机复合肥，每亩施用 150 kg，保证充足的养分供应茶树过冬，为翌年抽发粗壮的新梢施足冬肥。同时，在条件允许的情况下，进行抗旱浇水铺草。经验证明，在茶行内侧修筑竹节沟蓄水保苗，减少水土流失，效果显著。

提倡在幼龄茶园大行间套种绿肥。一至三年生幼龄茶园中，每年可在茶行间套种两季豆科绿肥作物，以改良土壤、遮阳护苗、减少杂草滋生和防止水土流失。绿肥作物的种类有矮生或匍匐型的豆科绿肥，如小绿豆、伏花生、黄花苜蓿等。绿肥的种植可根据茶苗生长速度和覆盖程度而定，种植后，视生长状况，及时刈青，充作茶园肥料。

（四）土壤除草

茶园除草是快速成园的有效农业措施。土壤除草工作，直接影响茶苗生长速度。要做到精耕细作，经常清除杂草，减少杂草与茶树争夺水肥，降低病虫危害。每季浅耕松土 1 次，特别是大雨过后土壤易板结，若能及时浅锄松土，能有效改善土壤通透性能，有利茶苗根部呼吸作用，促进茶树正常生长。

（五）缺苗补栽

秋末冬初或早春，对新植茶园进行查苗补苗，一般每丛已有 1 株茶苗成活的不必补苗，缺丛的，选用同品种同龄壮苗及时补植缺株，保证茶园全苗。一般 3 年以后不再补苗，以免造成茶树参差不齐。

（六）病虫害防治

幼龄茶树树体弱小，抗性较差，容易受病虫危害，常见的病虫害有：茶毛虫、茶尺蠖、茶小绿叶蝉、茶芽枯病等。在这期间要加强观测，发现虫情及时记录，当达到防治指数时开始用药，把害虫消灭在初发阶段。通过优先实施农业预防措施，保护和利用天敌，合理利用物理或化学方法综合防治病虫害，保护好每一轮新梢使其能正常生长发育，以利于早成园。

四、有性系茶园

沂蒙茶区新建园多采用“区田”栽培法种植，即将园地整平，每隔 1.2～1.5 m 打畦，畦宽 30 cm，深 3～5 cm，将处理好的茶籽，按 20 cm×30 cm 的丛行距播种，每丛 3～5 粒，播后覆土覆膜，这是改良后的双行密植适密适矮区田栽培。种子出苗后的管理与无性繁殖育苗管理一致。

第二章

茶园土肥水管理

土壤是茶树优质、高产、高效益的重要影响因素。茶树生长所需的水分、营养元素等主要通过土壤进入茶树体内。茶园土壤质量的好坏直接影响茶树生育、产量和品质。

茶园土壤质量是根据茶树生产需求，用来表征茶园土壤可持续利用能力，生产优质安全茶叶能力及维持生态平衡能力的一个量度。在茶叶生产中茶园土肥水管理，包括茶园耕作管理、茶园水分管理、茶园施肥管理等方面。这三方面侧重点不同，但相互联系。

第一节　茶园耕作管理

茶园耕作，是对茶园土壤的翻耕活动，是茶园土壤管理中一项十分重要的内容。茶树为多年生常绿作物，适时合理耕作，既可以疏松茶园表土板结层，调节土壤水、肥、气、热状况，翻埋肥料和有机质，熟化土壤，增厚耕作层，提高土壤保肥和供肥能力，同时可以消除杂草，减少病虫害。茶园耕作需要根据茶园特点，与施肥、灌溉等栽培措施结合进行，扬长避短，充分发挥提高土壤肥力、增进茶叶产量和品质的作用。

一、茶园耕作效应

茶园耕作作为传统的茶园常规管理方式，对茶叶生产具有重要意义，能有效提高茶叶品质和产量，并确保茶园的可持续生产，一直受到茶农重视。

（一）耕作对土壤肥力的影响

茶树是多年生作物，长期人工作业容易使茶园土壤板结，破坏土壤结构，致使土壤通透性变差、雨水不易渗漏，茶树根系生长受到影响。适时耕作可以疏松土壤，提高土壤通透性，增加土壤孔隙度，加速雨水渗透，提高土壤含水量。

耕作提高了土壤的通透性，改变了土壤的水热状况，促进了土壤微生物的生长和繁殖。茶园深耕后，土壤中微生物总数、纤维素分解强度和呼吸强度明显增强。

同时土壤深耕后，土壤通气条件改善，生物活性增加，促进了土壤有机质矿化和矿物质的风化分解，加速了土壤熟化进程，提高了土壤有效养分的含量。深耕的同时可以增施有机肥保持土壤肥力。

土壤深耕对茶园水土流失影响较大，特别是坡地茶园深耕对茶园水土流失的影响更严重，这是深耕的弊端。深耕的同时结合茶园铺草，可有效保持茶园水土。

（二）耕作对茶树根系生长的影响

随着茶树的不断生长，茶园行间布满根系并相互交错，无论是深耕还是浅耕都会造成断根，影响茶树正常生长。因此，越是成龄茶树、耕作深度越深，幅度越广，耕作对根部的损伤越严重。

茶树根系有较强的再生能力，根系因耕作切断时，其伤口能迅速愈合发生新根。断根的恢复速度与深耕断根时的季节有关。8 月上旬伏耕，断根愈合再生能力最强、最快，在翌年春茶前茶时根系就能得到较好恢复，不影响第二年茶叶生产；10 月次之；12 月上旬冬耕，断根愈合再生最慢，直到翌年夏茶时期，新根数量还很少；3 月中旬春耕，断根愈合再生虽然较快，但需到当年秋茶后期才能较好恢复，影响了茶叶产量。因此，根系断根再生能力最强的是 8 月“伏天”，其次是秋季 10 月和春季 3 月，冬季 12 月断根再生能力最差，因此，以 8 月耕作对茶叶产量影响最小。

（三）耕作对茶叶产量和品质的影响

耕作可有效疏松土壤，提高土壤肥力，同时会造成茶树断根，及茶园水土的流失，最终体现在对茶树产量和品质的影响上。茶树树龄不同，耕作时期、耕作深度不同，产生的影响都不相同。

提倡在种植茶树前深耕，配合施肥、改土，可有效避免后期耕作对茶树根系的损伤。生产表明，茶树种植前的耕作对茶树生长及提质增产效果明显，而且持续时间更长。耕作越深，效果越好，持续时间越长，深耕配合施底肥效果更为明显。

（四）茶园耕作注意事项

茶园耕作合理与否，直接关系到茶树生长及茶园的土壤结构、水土保持。耕作一般选择晴天或雨后土壤稍干时进行。土壤过湿，耕作时容易黏结成土块，破坏土壤结构，不利于茶树生长，过干容易引起死苗。耕作时应结合施肥进行，耕作后土壤要整平，防止幼龄茶树根系外露，造成死亡。

二、耕作技术

随着生产水平的提高，茶园耕作已不再局限于单纯的土地耕作，逐渐拓展到地面覆盖和化学除草等措施。按照耕作时间、目的、要求不同，可将茶园耕作分为生产季节耕作和非生产季节耕作。

（一）生产季节耕作

生产季节耕作包括中耕与浅锄。一般把生产季节茶园耕作深度不超过 15 cm 的称为中耕，耕作深度为 2～5 cm 的称浅锄。茶园行间中耕，能破除土壤板结层，改善土壤通气透水状况，消灭茶园杂草。通常每年都要进行春耕、夏锄、秋锄和冬耕。春耕和冬耕以松土为主，春耕的耕作深度为 10 cm 左右，冬耕为 10～15 cm。生产季节的浅锄一般有春锄、夏锄、秋锄，以除草为主，锄草次数视杂草的生长状况而定，锄草深度以 5 cm 左右为宜。新建茶园，为避免带动茶籽和茶苗，第一年距茶苗 30 cm 以内的杂草宜雨后用手连根拔除，30 cm 以外的可照常浅锄。

在茶树幼年阶段和青年阶段，茶园行间空隙大，利于杂草生长，并与茶树争夺土壤水分和养分，常在追肥前浅耕 1 次，将杂草全部埋入土中。夏秋季节杂草多，浅耕次数要适当增加。

壮年茶园的树冠覆盖度高，生长好、产量高。采摘、施肥、除虫等作业频繁，茶行间土壤容易板结，浅耕以疏松土壤为主，一般结合追肥每年进行 2～4 次。

（二）非生产季节耕作

非生产季节耕作多指深耕，一般耕作深度超过 15 cm。在改良熟化土壤方面，深耕的作用比浅耕要强，但对根系的损伤也较多。要根据茶园类型，灵活深耕。

1. 幼龄茶园 种植前经过深垦的幼龄茶园，一般结合施基肥进行深耕。深耕初期在距离茶树根部 20～30 cm 以外开沟，沟深 30 cm 左右。茶树长大后开沟的部位逐步向茶行中间转移，开垦时一般结合施基肥，在茶行中间开沟，沟宽 1 m 左右，深度 50 cm。耕作时先将深挖的土壤放置于道路上，然后混合基肥与心土，施入沟中，再将第二段表土翻入第一段。这样依次深耕，逐步完成。

2. 成年茶园 深垦过的成年茶园，如果土壤疏松可不必深耕。如土壤黏重，在尽量减少根系损伤的前提下，适当缩小耕作宽度，深耕 30 cm 左右，以后不再深耕。

3. 衰老茶园 衰老茶园的土壤深耕，应结合树冠更新进行。其深耕的深度和宽度都比较大，一般 1.5 m 行距的茶园，深耕的深度和宽度以不超过 50 cm×50 cm 为宜，并结合施用有机肥料，将肥料与土壤混合均匀。

深耕一般在全年茶季接近尾声时进行。这个时期深耕、施基肥，有利于断根的再生和恢复。深耕是一项耗费劳力多、施用有机肥多的工作。通常在开垦前进行 1 次，如果土壤黏重可在开采初期缩小宽度再进行 1 次。正常情况下，20 年左右茶园在产量大幅下降时再深耕改土 1 次，其他时期不再深耕。

三、茶园除草

茶园除草是茶园耕作管理的一项常规工作。茶园杂草对茶树的危害很大，它与茶树争夺土壤养分，天气干旱时与茶树抢夺土壤水分，而且杂草还会助长病虫害的滋生与蔓延，给茶树的产量和品质带来影响。

（一）茶园杂草的主要种类

茶园中杂草种类繁多。适宜在酸性土壤生长的旱地杂草，可通过传播进入茶园，并在茶园中生长繁衍。

茶园杂草有一二年生，也有多年生的；有以种子繁殖的，也有以根、茎繁殖的，甚至有种子、根、茎都能繁殖的；有在春季生长旺盛的，也有在夏季或秋季生长旺盛的。因而一年四季中杂草的种类不尽相同。沂蒙茶区发生数量最多、危害最严重的杂草种类，有马唐、狗尾草、蟋蟀草、狗牙根、辣蓼、香附子、菟丝子等。了解主要杂草的生物学特性，掌握其生育规律，有利于采取措施控制杂草发生。

1. 马唐　禾本科，一年生草本植物，茎匍匐于地面，每节都能生根，分生能力强；6～7 月抽穗开花，8～10 月结实，以种子和茎繁殖。

2. 狗尾草　禾本科，一年生草本植物，茎扁圆直立，茎部多分枝，7～9 月开花结实；穗呈圆筒状，像狗尾巴，结籽数量多，繁殖量大，在环境条件较差时也能生长。

3. 蟋蟀草　即牛筋草，禾本科，一年生草本植物，茎直立；6～10 月开花，有 2～6 个穗状枝，集于秆顶，以种子、地下茎繁殖。

4. 狗牙根　禾本科，多年生草本植物，茎平铺在地表或埋入地下，分枝向四方蔓延，每节下面生根，以根茎繁殖，两侧生芽，3 月发新叶，叶片形状像犬齿。

5. 辣蓼　即水蓼，蓼科，一年生草本植物，茎直立多分枝，茎通常呈紫红色，节部膨大，以种子繁殖。

6. 香附子 又名回头青，莎草。莎草科，多年生草本植物，地下有匍匐茎，蔓延繁殖，叶丛生，细长质硬；3～4 月间块茎发芽，5～6 月抽茎开花，以种子和地下茎繁殖。

7. 菟丝子 旋花科，一年生寄生蔓草，全株平滑无毛，茎细如丝，无叶片，缠绕寄生，用茎上吸盘吸收寄主养分，夏天开花，以种子繁殖。

这些杂草对周围环境有很强的适应性，尤其一些严重危害茶园的恶性杂草，繁殖力强，传播蔓延广，在短期内就能生长一大片。但是各种杂草的发育阶段中也有薄弱环节。一般杂草种子都比较细小，顶土能力不强，只要将杂草种子深翻入土，许多种子就会因无力萌发而死亡；杂草在幼苗阶段，株小根弱，抗逆力不强，在这一时期除草，效果较好；绝大部分茶园杂草喜光而不耐阴，适当增加种植密度或在茶树行间铺草，许多杂草将难以滋生。因此，在生产上要尽量利用杂草生育过程中的薄弱环节，积极采取措施，以便达到理想的除草效果。

（二）茶园除草技术

1. 人工除草 人工除草是目前沂蒙茶区主要的除草方式，一般采用拔草、浅锄或浅耕等方法。对于生长在茶苗、幼年茶树及攀缠在成年茶树上的杂草可采用人工拔草，并将杂草深埋于土中，以免复活再生。用阔口锄、刮锄等工具进行浅锄除草，能立即杀伤杂草的地上部分，起到短期内抑制杂草生长的作用。用板锄、齿耙浅耕松土的同时，兼除杂草，能把杂草翻压入土，除草效果比浅锄效果好。

2. 化学除草 化学除草具有使用方便、防治效果好、节省人力、经济效益显著的优点。除草剂的种类有很多，一般可分为触杀型和内吸传导型。触杀型除草剂只能对接触到的植株部位起杀伤作用，在杂草体内不会传导移动，这类除草剂可作为茎叶处理剂使用。内吸传导型除草剂可被杂草茎叶或根系吸收进入体内，向下或向上传导至全株各个部位，首先使最为敏感的部位受毒害，继而整株被杀死。这类除草剂既可作为茎叶处理剂，也可作为土壤处理剂使用。在茶园中使用的除草剂要具备除草效果好、对人畜和茶树安全、对茶叶品质无不良影响、对周围环境污染少的特点。近年来，各国对茶园中除草剂的选用有严格限制。2019 年 8 月 1 日，中国实施的《食品中农药最大残留限量》（GB 2763—2019），将食品中农药最大残留限量指标由现行的 4 140 项增加到 7 107 项，新增 2 967项，涉及茶叶行业的农药品种最大残留限量值增加至 64 项，检查指标更加严格。2006 年 5 月日本实施的肯定列表制度中，对茶叶的农药残留限量指标达 276 项。欧盟（EC）No396/2005 号法规对茶叶的农药残留规定高达 470 项，特别是 2014 年以来，欧盟对农残法规进行了多次修订，提高了茶叶农药残留指标检测标准。因此，选用除草剂时务必要谨慎。

3. 其他措施 茶园杂草的大量发生必须具备两个基本因素：一是茶园土壤中存在杂草的种子或根茎、块茎等营养繁殖器官；二是茶园具备适合杂草生长的空间、光照、养分和水分等。改变或破坏这两个因素，茶园杂草将难以生长。茶树栽培技术中很多措施都具有减少杂草种子或恶化杂草生长条件的作用，从而防止或减少杂草的发生。

（1）土壤翻耕。土壤翻耕包括茶树种植前的园地深垦和茶树种植后的行间耕作。它既是茶园土壤管理的内容，也是杂草治理的重要措施。在新茶园开辟或老茶园换种改植时，深垦可以大大减少茶园中各种杂草的发生，这对于根除茅草（白茅）、狗牙草、香附子等顽固性杂草有很好的效果。浅耕可以及时铲除一年生的杂草，但对宿根型多年生杂草及顽固性的杂草深耕效果更好。

（2）行间铺草。行间铺草可以减轻雨水、热量对茶园土壤的直接作用，改善土壤内部的水、肥、气、热状况，同时对茶园杂草也有明显抑制作用。茶园未封行前行间铺草，可以有效阻挡光照，被覆盖的杂草会因缺乏光照而黄化枯死，大大减少茶树行间杂草的发生数量。茶园覆盖物可以是稻草、山地杂草，也可以是修剪掉的茶树枝叶。一般来说，茶园铺草越厚，对杂草的抑制作用也就越大。

（3）间作绿肥。幼龄茶园和重修剪、台刈茶园行间空间较大，可以适当间作绿肥。这样不仅可以增加茶园的有机肥来源，而且还能大大缩小杂草的生长空间。可根据茶园类型、生长季节选择绿肥的种类。一至二年生茶园可选用花生、绿豆等短生匍匐型或半匍匐型绿肥。三年生茶园或台刈改造茶园可选用乌豇豆、黑毛豆等生长快的绿肥。一般，种植的绿肥应在生长旺盛期刈青后直接埋青或作为茶园覆盖物。

（4）提高茶园覆盖度。提高茶园覆盖度可以增加茶叶产量，提高土地利用率，同时抑制杂草生长。实践表明，覆盖度达80%以上的茶园，茶树行间地面的光照明显减弱，杂草发生数量及危害程度大为减少；覆盖度达90%以上的茶园，茶行互相郁闭，行间光照很弱，各种杂草存活较少。扩大茶园覆盖度，可以在茶树栽培过程中实现抑制杂草生长的作用，不需额外耗费人力、物力。

第二节　茶园水分管理

干旱会严重影响茶叶品质和产量，导致品质和产量的下降。茶树需水包括生理需水和生态需水。生理需水是指维持茶树生理活动直接需要的水分；生态需水是指维持茶树生长发育的良好生态环境所需的水分。茶园水分主要来自降水、人工灌溉和地下水的上升，而水分损失有地表蒸发、茶树蒸腾、排水、地表径流、水分下渗等多种渠道。

茶园水分管理是根据茶树需水规律，结合茶园土壤水分的运动特点及茶树水分利用的生理生化特性，采取合理措施，进行水分的排、保、灌、控，以满足茶叶优质高产对水分的要求。

一、茶树生长与水分的关系

水是茶树生命物质的重要组成部分。茶树为多年生叶用经济作物，对水分的需求量很大，高温、干热天气对水分的需求量更大。茶园需水量随土壤水分状况、茶树品种、生育时期、树龄、采摘方法以及土壤管理方式的不同而不同。

（一）茶树的需水特性

1. 不同树龄茶树的需水特性 茶树树龄不同，根系发育状态不同，枝干伸展程度不同，树冠面大小不同，叶面积指数不同。幼龄茶树根系浅，枝干伸展程度有限，树冠面尚在形成当中，枝叶较少，叶面积指数小，茶树蒸腾作用较小，裸地蒸发量较大。成龄茶树根系深广，各级分枝伸展形成较大的树冠面，叶面积指数大，茶树蒸腾作用较大，蒸发量较小。老龄茶树根系衰弱回缩，侧枝育芽力减弱，树势衰退，树冠面缩小，叶面积指数严重下降，茶树蒸腾作用趋小，裸地蒸发量变大。茶园的日平均耗水量随树冠覆盖度的增大和产量的增加而加大。

2. 不同季节茶树的需水特性 茶树受气候条件和自身生长发育状况的影响，不同季节需水量不同，并且茶树的季节需水量存在一定规律性。据相关文献，成龄茶园茶树全年的需水量为 1 300 mm 左右，其中 4～10 月茶树主要生长季节的需水量约 1 000 mm，占全年需水量的 77%，7～8 月盛夏高温季节茶树的需水量占全年需水量的 30%以上，12 月至翌年 2 月气温较低的寒冬和早春茶树的需水量仅为 50 mm 左右。尽管茶树的耗水量存在季节差异，但任何时候过度缺水都会对茶树的生长发育产生不利影响。确保茶园土壤水分的有效供给，才能实现茶叶优质高产。

（二）土壤水分对茶树生育的影响

土壤水分是茶树生理需水与生态需水的主要来源，是土壤肥力的重要组成部分，与茶树生长发育关系密切。茶树根系的生长以土壤相对含水量 65%～80%为宜；芽叶生长、叶片形态结构及内含物生化成分的形成，以土壤相对含水量 80%～90%最佳。在适宜的土壤温度下，茶树生长旺盛，体内含水量约占全株质量的 60%，幼嫩芽叶含水量可达 80%左右，光合作用等生理代谢功能增强，物质趋向合成，有利于体内干物质积累，使芽叶萌发快，数量多，嫩度好，内含物丰富。尤其是鲜叶中氨基酸与多酚类物质的增加，有利于形成香浓味醇的茶叶品质。旱季，根系层土壤含水量降到田间持水量的60%左右，并伴有高温、干燥空气时，茶树体内水分代谢容易失调，叶细胞容易产生质壁分离，细胞透性被破坏，叶绿体失去正常生理功能，光合作用受到抑制，物质代谢趋向分解，体内干物质的形成与积累减少，芽叶萌发受阻，鲜叶产量与品质下降。实践证明，旱季灌溉保持土壤湿度为田间持水量的70%～90%，茶树鲜叶及成品茶品质均有不同程度的提高，而且产量增加，经济效益较高。

二、茶园水分保持技术

（一）茶园土壤水分散失的途径

茶园水分散失主要有地面径流、地面蒸发、地下水移动、茶树及其他植物的蒸腾作用等。除茶树自身蒸腾作用为代谢必须外，其他散失都属于无效损耗，应尽可能避免或减少到最低程度。

1. 地面径流 茶园地面径流主要由暴雨形成。当降水强度大于土壤渗透速率时就会发生地表径流，它与土壤质地、含水量及降水强度、持续时间有关。土层浅薄的坡地茶园容易产生地面径流导致水分损失。新建茶园的前1～2年由于地面覆盖度小，水土流失也较为严重。

2. 地面蒸发 受光照和风的影响，土壤表层水分会以气体形式进入空气，地面裸露度越大，这种现象越明显。

3. 地下水移动 地下水移动属于渗透性流失，是指土壤水分在重力作用下通过孔隙，由上层向下层移动，它的流动速度比地面径流小得多，但当上层土层疏松时，这种流失不可忽视。不同土壤孔隙大小不同，渗漏系数不一样，地下水移动损失的速率也不一样。黏土中地下水的移动速率最小，沙土最大，壤土居中。适度的渗漏作用有利于降水和灌溉水下渗，从而使水分和养分在整个活土层内均匀分布，供各层根系吸收利用。但过强的渗漏作用，会加大水分损失，带走许多溶解于土壤水中的养分。坡地茶园，尤其是下层含沙石较多的茶园，渗漏损失严重。

4. 蒸腾作用 茶树、茶园间作物及各种杂草均可通过蒸腾作用从土壤中带走相当数量的水分，当植被完全覆盖地面时，地面直接蒸发的水量很少，主要是植物的蒸腾作用。不同天气耗水量不同。

（二）保水措施

茶园的保水工作主要分为增加土壤蓄水能力和降低土壤水分散失两个方面。

1. 增加土壤蓄水能力

（1）土壤选择。不同土壤的有效水含量不同，保蓄水能力不同。黏土和壤土的有效水含量大，沙土最小。建园应选择适宜的土类，并注意有效土层的厚度和坡度等，为以后茶园的保水工作提供良好条件。

（2）深耕改土。能加深有效土层厚度和改良土壤质地的措施，如深耕、加客土、增施有机肥等，均能显著提高茶园的保蓄水能力。

（3）健全保蓄水设施。坡地茶园上方和园内建设截水横沟是有效的茶园蓄水方式。将其做成竹节沟形式，能有效拦截地面径流，将雨水蓄积于沟内，再缓慢渗入土壤中实现茶园蓄水。新建茶园采取水平梯田式能显著提高茶园蓄水能力。山坡坡段较长时，加设蓄水池，对扩大茶园蓄水能力也有一定作用。

2. 降低土壤水分散失

地面覆盖、科学设置种植行、合理间作、耕锄保水、造林保水等措施均能减少茶园土壤水分散失。

（1）地面覆盖。最常用的地面覆盖方法是铺草。茶园铺草可以减少地表水分的蒸发量，保蓄土壤水分，提高土壤湿度，调节土壤温度，防止或减轻茶树的旱热害；同时可以减缓地表径流速度，防止或减轻土壤冲刷，并促使雨水向土壤深层渗透，增加土壤蓄水能力，提高土壤含水量。

茶园铺草应把茶行间所有空隙都铺上草，以铺草后不见土为原则，铺草厚度为 8～10 cm。草料以不带草籽，不带病菌、虫害的稻草、绿肥、豆秸、山草、麦秆等为好，铺草最好能一年进行两次，第一次宜在春茶采摘结束、浅耕除草之后，旱季之前的5月下旬至6月上旬进行；第二次宜在夏茶采摘结束、浅耕除草施肥后的7～8月进行，每亩每次用草量为1 500～2 000 kg。铺草后宜用土块等适当盖压，以防草料被风吹走或被雨水冲走。

（2）科学设置种植行。茶树的种植形式和密度影响着茶园内降雨的流失量。一般丛式种植时，水分流失大于条列式种植，单条植大于双条或多条植，稀植大于密植；顺坡种植条行大于横坡种植的茶行。幼龄茶园和行距过宽、地面裸露度大的成龄茶园，水分流失严重。

（3）合理间作。茶园间作物虽然消耗一部分水分，但相对于裸露地面，可不同程度地减少水土流失，坡度越大作用越显著。

（4）耕锄保水。耕作除草切断了毛细管道，阻止了毛细管水的上行，土壤蒸发量降低，有效减少了土壤水分的直接蒸发散失，提高了土壤的保土、保水、保肥能力，同时耕作除草减少了杂草对土壤水分的消耗与病虫害的发生。此外，耕锄还能疏松土壤，增大土壤空隙，增强土壤通透性，促进土壤中空气的流通，增加空气含量，提高土壤透水性和蓄水能力，加速土壤熟化，提高养分的有效性。耕锄除草一年至少进行4～5次。耕锄宜在雨后土壤湿润、表土宜耕的情况下进行，不宜在干旱严重、土壤含水量低的情况下进行，否则因耕锄造成根系损伤影响吸水，会加重植株缺水现象，幼龄茶园的耕锄更应注意。耕锄时应尽量减少茶树根系的损伤，耕锄宜远离植株30 cm，耕锄深度8～12 cm。植株周围杂草宜用手拔除或小锄铲除，以免碰伤茶树。耕锄时，杂草应连根铲除，并用锄头将杂草根部泥土打碎，耕锄杂草可围在茶树周围。

（5）造林保水。在茶园附近，尤其是坡地茶园的上方适当栽植行道树、水土保持林，或在园内种植遮阳树，能涵养水源，有效增加空气湿度，降低风速和减少日光直射时间，从而减弱地面蒸发。

（6）其他管理措施。适当修剪枝叶可以减少茶树蒸腾作用。通过定型和整形修剪扩大茶树本身对地面的覆盖度，不仅能减少杂草和地面蒸发耗水，而且能有效阻止地面径流。另外，施用农家肥可有效改善茶园土壤结构，提高土壤的保蓄水能力。

三、茶园灌溉技术

在自然条件下，茶树生长需要的水分主要靠降水供给。但在降水量较少，茶园土壤水分不足又持续干旱的情况下，必须及时灌溉补水，以满足茶树对水分的需求。茶树一般在旺盛生长期和采摘季节需水较多，在幼龄阶段，植株根系浅，耐旱力弱，需水迫切。如果遇到高温干旱天气，耗水量更大，应及时灌溉补水。只有准确掌握茶园的灌溉技术，才能及时、适量地满足茶树各发育阶段对水分的需求，达到经济用水、提高茶园单产的目的。一般来说，旱季茶园产量的高低虽与灌水次数和灌溉总量有关，但更要看是否适时适量。因此灌水之前，必须掌握灌溉指标和灌水定额。

（一）灌溉水的质量要求

茶园灌溉水要求含盐量（钙盐等）低，呈微酸性，无泥沙，水温适宜，在灌溉前应做好水质的检测工作。利用地下水灌溉，要注意水的含盐量、酸碱度和水温。利用生活用水和工业用水，应经过检测与小面积试用后，再大面积使用，以避免腐蚀机具设备，危害茶树，污染环境和危害人体健康。如引用河川、溪流水，要注意控制泥沙含量，可在前端设置沉沙池，避免大量泥沙随水入渠或被吸入水泵损坏机具。

（二）灌溉的适宜时期

茶园灌溉的适宜时期，由茶树各生育阶段和生长时期的生理状况（包括细胞液浓度、细胞吸水力、气孔开张度等）、土壤湿度及气象要素等综合分析决定。确定灌溉时间最好的方式是挖根，挖开土壤剖面，在作物根系取土，手攥成团即可。当土壤含水量低于田间持水量的70%时，应考虑灌溉。

1. 茶园灌溉的生理指标 茶树水分的生理指标如细胞液浓度、新梢叶水势（可用兆帕或帕斯卡表示）、气孔开张度等能在不同土壤、不同气候等条件下直接反映体内水分的实际水平。这些生理指标对外界水分的变化很敏感，与土壤含水量和空气温湿度具有较高的相关性。如果上午 9 点前测定，细胞液浓度低于 8%～9%，叶片水势高于 -5×10^{5} Pa，表明茶树体内水分供应正常；若细胞液浓度达到 10%左右，叶片水势低于 -1.0×10^{6} Pa，表明茶树体内水分亏缺，新梢生育受阻，需要及时灌溉补水。

2. 茶园灌溉的土壤湿度指标 土壤含水量多少是决定茶园灌溉水量的重要依据。由于茶园土壤质地的差异，土壤的持水性和有效水分含量差异较大，为使不同质地的土壤湿度值具有可比性，一般土壤的湿度指标可用两种方法表示。一是用土壤绝对含水量占田间持水量的相对百分比表示，如当茶园土壤含水量为田间持水量的 90%左右时，茶树生长旺盛；含水量降至 60%～70%时，茶树新梢生长受阻；低于 60%时，新梢即将受到不同程度的危害。因此，以茶园根系层土壤相对含水量降至 70%时，作为开灌指标。二是采用土壤湿度的能量值，土壤水势来表示，它可以直接反映土壤的供水能力，比用土壤含水量表示更加适当。茶园土壤水势可用土壤张力计直接测知。当土壤水势（与土壤吸力绝对值相等，符号相反）在 -1×10^{4}～-8×10^{4} Pa 时，茶树生长较适宜。当土壤水势值达到 -1×10^{5} Pa 以上时，表示土壤缺水，应进行灌溉。

3. 茶园灌溉的气象要素指标 主要气象要素，如气温、降水量、蒸发量等的变化与茶园水分的消长密切相关。在生产实践中，应密切关注天气变化与当地常年气候特征，尤其在高温季节，要综合分析灌溉。研究认为，当日平均气温接近 30℃，最高气温达 35℃以上，日平均水面蒸发量达到 9 mm 左右且持续一周以上，这时土层浅的丘陵茶园就有干旱迹象，需要及时灌溉。

（三）灌溉的水量确定

干旱季节茶园灌溉水量的多少，主要由茶园类型，即茶树生育阶段的需水特性与土壤质地决定。适宜的灌溉量，要求灌溉水能及时向土壤入渗，又能达到计划层湿润深度，满足茶树需水要求。因此，在确定茶园灌溉量时，要先确定灌溉前土壤计划层的储水量，使灌溉前后的储水总量达到计划层土壤田间持水量的范围。一般确定茶园适宜的灌水量与灌水周期的方法有 3 种：一是由茶园各阶段日平均耗水量确定；二是采用土壤张力计（又称负压计、土壤湿度计）法定位检测土壤水势的变化，指示茶园灌溉；三是按照茶园的参数，使用计算法求得茶园灌水量和灌水周期。由于灌溉方法不同，水分损耗差异较大，例如地面流灌用水量比喷灌用水量大，而地下渗灌又比喷灌用水量省得多。因此，要使茶园土壤计划层内达到适宜的水分指标，灌水量应结合灌溉方法而定。

（四）茶园灌溉方法

衡量茶园灌溉方法优劣的标准有 3 个：一是看灌溉水的分布均匀程度，以及能否做到经济用水；二是能否做到有利于茶园小生态的改善；三是能否达到提高茶叶产量、品质与经济效益的目的。近年来，茶园推广的喷灌、渗灌、滴灌等灌溉方法，在生产实践中取得了显著的经济效果。

1. 茶园地面流灌 地面流灌是一种传统的灌溉方法，它利用抽水泵或其他方式，把水通过沟渠引入茶园灌溉，包括沟灌和漫灌。

2. 茶园喷灌 喷灌是一种较先进的茶园灌溉方法。茶园喷灌系统主要由水源、输水渠系、水泵、动力、压力输水管道及喷头等部分组成，按照组合方式分为移动式、固定式和半固定式 3 种类型。与地面流灌相比，茶园喷灌可使灌水量分布均匀，省水 50% 以上，水的利用率达 80%。喷灌可改善茶园小气候，促进茶树生育，提高经济效益。同时，喷灌机械化程度高，适应地形能力强，可显著提高工作效率。此外，配合喷施根外追肥、化学农药与除草剂等，喷灌系统可显著发挥综合利用效益。在设计茶园喷灌系统时，要因地制宜，结合水力资源、动力设备条件及经济效益精心规划、科学设计。

3. 茶园渗灌 渗灌又称地下灌溉，是通过输水渠将灌溉水送入地下管道（暗道），通过管道的透水孔，使水借助土壤的毛细管作用向根系活动层的上、下、左、右浸润，供茶树吸收利用的一种灌溉方法。渗灌可与施用液肥相结合，又称管道施肥灌溉系统。

4. 茶园滴灌 滴灌，顾名思义即滴水灌溉。它将灌溉水或液肥在低压作用下通过管道系统，送达滴头形成水滴，定时定量地向茶树根际供应水分和养分，使根系土壤经常保持适宜的湿度，能提高茶树对水分与肥料的利用率，达到节水增产的目的。

（五）茶园排水技术

茶树生长，既喜温、喜湿，但又怕涝、怕渍。雨季茶园如不能及时排水，容易冲垮茶园，流失肥土，在地势低洼处还极易渍水，时间稍长往往造成茶树湿害，给茶叶生产带来较大危害。

1. 茶树涝害 茶树根系的生长，除要求土壤中含有充足的水分、养分，还要有足够的空气。一旦渍水，土壤湿度增大，空气减少，茶树根系呼吸困难，水分、养分的吸收代谢受阻。

2. 茶园排水措施 在规划新茶园时要考虑建设排水系统。茶园的水利系统主要包括保水、灌水、排水 3 个方面，由渠道、主沟、支沟、隔离沟和山塘、水库、管道与机埠组成，相互配套，紧密联系。山区茶园附近的山塘、水库与沟渠，在雨季可蓄水防洪，旱季能引水灌溉，做到蓄、排、灌兼顾，使沟、渠、塘、库及机埠等设施有机连成一体，形成茶园沟沟相通，尽量减少或避免茶园水、土、肥的流失和低处渍水现象。

茶园排水是防止涝害的主要措施，但茶园湿害的类型与成因较复杂，茶树受害的程度也不完全一致，因此，在防治与改造涝害茶园时，除了做好深入调查，找出成因，在建设排水工程时，还应因地制宜积极配合其他农业综合技术措施，如改土、改树及病虫害防治等，才能见效。对建园基础差、涝害严重的茶园，应结合换种改植，平整土地，重新规划，建立新茶园。不宜种茶的，可改种其他湿生作物。

第三节 茶园施肥管理

茶树各生育阶段，总是有规律地从土壤中吸收矿质营养，以保持正常生长发育。采摘鲜叶会带走一定数量的营养元素，茶园土壤中各种营养元素的含量相对有限，彼此间比例不平衡，不能随时满足茶树在不同生育时期对营养元素的需求，因此，为满足茶树生育所需，实现茶树新梢的正常生长，在茶树栽培过程中，要根据茶树营养特点、需肥规律、土壤供肥性能与肥料特性，科学施肥，最大限度地发挥施肥效应，达到满足茶树生育需要，提高鲜叶内在品质，改良土壤，提高土壤肥力的目的。

一、茶树的主要营养特征

茶树及茶叶体内含有大量矿质元素（表 2-1），理论上所有营养元素都可以从茶园土壤或环境中获得。茶树消耗最多的营养元素与其他植物一样，是植物三要素，即氮、磷、钾，施肥补充的也主要是这三种元素。随着茶树生长年限的增加，一些微量元素逐渐缺乏，因此，在常年只施化肥的茶园中，需要补充微量元素。

表 2-1　茶叶中主要矿质元素含量　　单位：mg/kg

元素名称	含量	元素名称	含量
氮（N）	35 000～58 000	铁（Fe_2O_3）	100～2 000
磷（P_2O_5）	40 000～90 000	硫（SO_4）	6 000～1 2000
钾（K_2O）	20 000～30 000	铝（Al）	1 000～2 000
钙（CaO）	2 000～8 000	锌（Zn）	45～65
镁（MgO）	2 000～5 000	铜（Cu）	15～20
钠（Na）	500～2 000	钼（Mo）	0.4～0.7
氯（Cl）	2 000～6 000	硼（B）	0.8～1.0
锰（MnO）	500～1 300	氟（F）	100～1500

根据植物生长对养分的需求量，将必需营养元素分成大量元素和微量元素。矿质营养中的氮、磷、钾、硫、镁、钙等在茶叶中含量较多，一般为千分之几到百分之几，称为大量元素。它们通常直接参与组成生命物质如蛋白质、核酸、酶、叶绿素等，在生物代谢

过程和能量转换中也发挥着重要作用；铁、锰、锌、硼、铜、钼等在茶树体内含量较低，只有百万分之几到十万分之几，茶树生长对它们的需要量相当少，称之为微量元素。

（一）氮素的营养特征

氮是茶树体内含量最高的矿质元素，占茶树全株干重的1.5%～2.5%，以叶片含量最高，特别是在分生组织的芽端、根尖和形成层含量较多。氮素供应充足时，蛋白质形成多，促进细胞分裂、伸长，叶绿素含量提高，光合作用增强，营养生长旺盛，促进茶芽萌发和新梢伸长，发芽多，着叶数多，叶大，节间长，生长快，嫩度提高，增加了新梢轮次，延长了采摘时间，从而有效提高茶叶产量。氮素以促进营养生长为主。氮素在加强营养器官生长的过程中消耗了大量的光合产物，抑制了生殖器官的生长发育。增加氮肥施用量能提高茶叶中游离氨基酸含量，对改进绿茶的鲜爽度有良好作用。但是增施氮肥往往会降低茶叶中多酚类物质含量，如果施用过量，会对茶叶特别是红茶的品质产生不利影响。

（二）磷素的营养特征

磷在茶树全株中的含量占干重的0.3%～0.5%。茶树各器官中磷含量呈现芽高于嫩叶、嫩叶高于根、根高于茎的趋势。生长季节不同，茶树各器官的磷含量也有差异。如春茶芽叶含磷量可达0.8%～12%，秋后老叶及落叶则为0.5%以下。茶树地上部分生长季节，根系的含磷量为0.6%左右；当地上部分处于休眠时，根系磷含量可达0.8%～1.2%。磷在茶树体内主要以有机磷形态存在，是核酸、磷脂、高能磷酸化合物及各种酶类等物质的重要成分。磷对细胞间物质的交流、细胞内物质的积累、能量的贮存和传递、芽叶的形成、新梢的生长都有重大影响；对促进茶树幼苗生长和根系分枝，提高根系的吸收能力有较好效果；能加强茶树生殖器官的生长和发育，主要是促进花芽分化，增加开花与结实数量。磷素与氮素同时施用，对提高茶叶产量有显著效果。磷与茶树的碳、氮代谢密切相关，施磷肥能提高绿茶氨基酸和水浸出物等的含量，改善茶汤浓度和滋味。磷能增加鲜叶的多酚类含量，特别是提高没食子儿茶素的含量，对红茶色、香、味有良好影响。缺磷时茶树叶片中的花青素含量增高，颜色变紫，制成的茶叶颜色发暗，滋味苦涩，品质低劣。

（三）钾素的营养特征

钾在茶树全株中的含量占干重的0.5%～1.0%，一般芽叶含钾量为2.0%～2.5%，老叶含钾量为1.5%～2%，根系含钾量为1.7%～2%，茎部含钾量为0.3%～0.8%。钾以K^+状态被茶树根系吸收，在茶树体内大都呈离子态，部分在原生质中呈吸附态，有较强的移动性和被再利用能力。钾在茶树体内具有维持细胞膨压、保证各种代谢过程顺利进行的作用，钾是一些酶的活化剂，能促进核酸和蛋白质的形成，促进糖的聚合，有利于维管束机械组织的发育，促进糖的运输，提高茶树抗旱和抗寒能力，促进创伤愈合。钾能增加原生质的水合程度，使其黏度减小，对幼嫩组织的生长、物质的合成和各种生理机能的正常进行，具有促进作用。钾离子能影响气孔运动，调节水分蒸腾和二氧化碳气体进入叶片，直接影响茶树的光合作用速率。钾还可以增加茶树的抗病能力，茶云纹叶枯病、炭疽病等的发生都与茶树体内钾含量低有关。

二、茶园施肥技术

茶树主要依靠根系吸收各种无机营养元素，茶园土壤中的养分状态、供应能力直接关系到茶树的生长。为合理施肥，提高肥料利用率，提升茶叶品质，必须要知道茶园土壤的供肥能力。茶园的供肥能力主要取决于各营养元素的含量，尤其是有效含量、存在形态、在土层中的分布等。各种营养元素经施肥进入土壤后，会发生一系列变化。正确合理地确定茶园施肥量，不仅关系到肥料的增产效果，而且关系着土壤肥力的提高和茶区生态环境的保护。施肥量不足，茶树生长得不到足够的营养物质，茶园的生产潜力得不到发挥，影响茶叶产量、品质和效益。施肥量过多，尤其是化学肥料施用过多，茶树不能完全吸收，容易引起茶树肥害，造成土壤板结，恶化土壤理化性质，使茶树生育受到影响，降低了肥料的经济效益。同时过量施用的化学肥料可随地下渗水流动污染茶区水源，即大量氮、磷肥流入水体造成水体的富营养化。因此，施肥时应选择合理的时间与科学的方法，既避免肥料浪费，又确保矿质元素的良性循环，获得最佳的经济效益。

（一）茶园施肥原则

1. 以有机肥为主，有机肥与无机肥相结合 茶园土壤是茶树生长的物质基础，良好的土壤肥力是保证茶叶优质高产的前提条件。有机肥养分完全，比例协调，有利于茶树的吸收，而且有机肥在分解过程中产生的一些物质能与土壤无机胶体结合，形成不同粒径的有机-无机团聚体，能有效改善茶园土壤的物理性质。有机肥料分解形成的有机酸和腐殖质酸能与土壤中的铁和铝螯合，减少它们对磷元素的固定，提高磷肥肥效。但是，有机肥的有效养分含量低，释放缓慢，不能适应茶树生长季节对肥料需求量大、吸收快的要求，因此，要与有效浓度高、养分释放快的化肥相互配合施用。

2. 以氮肥为主，氮、磷、钾三要素相配合 茶树是采叶作物，对氮的需求量最大，而茶园土壤的有效氮十分缺乏。对大多数茶园来说，氮是茶叶生长的第一限制因子。此外，茶树对磷、钾等也有较多的需求，在施用氮肥时配合施用磷、钾肥，可显著提高施肥效果。

3. 重视基肥，基肥与追肥相结合 茶树是多年生作物，在年生长周期中总是不停地吸收所需的养分。据同位素示踪实验显示，即使在低温越冬期间，地上部分进入休眠状态时，地下部分仍有吸收能力，并把所吸收的营养物质储存在根系等器官中，以供翌年春茶萌发生长所需。农谚“基肥足，春茶绿”反映的就是这个规律。实际上，基肥不仅对春茶有影响，而且对茶树全年的生长发育都有影响。因此，无论是幼龄茶园、成龄茶园或衰老茶园，都应重视基肥施用。在茶树年生育过程中，生长和需肥具有明显的阶段性，只施基肥而不追肥难以满足茶树发育对养分的需求。因此，要结合茶树生长不同时期对养分的实际需求，在施足基肥的基础上及时分期追肥。

4. 掌握肥料性质，合理施肥 不同种类肥料的性质、肥效不同：有的肥效快，有的肥效慢；有的易挥发，有的易引起肥害；有的不能混合使用。施肥时，应根据各种肥料的性质合理确定施用肥料的数量、方法、时间等，以提高施肥效果。

5. 以根际施肥为主，根际施肥与根外施肥相结合 茶树叶片具有吸收养分的能力，有些微量元素须在根部施肥的基础上配合叶面施肥才能获得良好效果。在土壤干旱、湿害和病害的情况下，叶面施肥尤其必要。但是，茶树叶片是光合作用和呼吸作用的主要器官，对养分的吸收能力远不及根系。因此，茶园施肥要以根部施肥为主，适时辅以叶面施肥，两种施肥方式相互配合以发挥各自的效应。

此外，茶园施肥并非一项孤立的农业技术措施，受各种因子的综合影响，施肥时必须因地制宜，灵活掌握。

（二）茶园主要施用肥料种类和特点

茶园土壤施用的肥料种类很多，各种肥料的营养成分含量各不相同，对茶树生育和培肥土壤的作用也有差异。具体来说，茶园肥料可分为有机肥料、无机肥料、有机无机复混肥料、微生物肥料等四大类。

1. 有机肥料 有机肥料根据来源可分为饼肥、厩肥、粪肥、堆肥和绿肥等。

（1）饼肥。饼肥是茶园中广泛使用的有机肥料，使用较多的有菜籽饼、大豆饼、花生饼、棉籽饼等。其营养成分全，有效成分高，尤其是氮素含量丰富，碳氮比低，施用后养分释放相对迅速。

（2）厩肥。厩肥主要指猪肥、牛肥、羊肥和兔肥等未经处理的粪肥。厩肥碳氮比高，适宜用作茶园底肥和基肥，特别适用于新建茶园、幼龄茶园以及土壤有机质含量低、理化性质差的茶园，是理想的改土肥料。

（3）粪肥。粪肥包含人粪尿、养殖场粪便。这类粪肥通常速效养分含量较高，可作为基肥和追肥施用。

（4）堆肥。堆肥现在常指将枯枝落叶、杂草、垃圾、绿肥、河泥、粪肥等物质混杂在一起堆制而成的肥料。目前多数养殖场的粪便都经过堆肥处理，是市场上广泛存在的一类肥料。由于加工工艺不同，堆肥的性质也不同，需根据肥料说明使用。沼液也属堆肥一类。目前，一种新的人、畜粪便处理方式是生产液态有机肥，这类有机肥一方面可用作叶面肥料，另一方面可作为喷灌、滴灌肥料。

（5）绿肥。绿肥主要指幼龄茶园茶行间种植的草本植物，尤其是豆科植物。这些植物生长到一定程度后可直接埋入茶行作为有机肥。这些绿肥一方面可帮助茶苗抗旱，另一方面可增加茶园有机质，减少水土流失。成龄茶园一般不推荐种植绿肥。一些偏远、交通不便或运输成本高的茶园，施用有机肥有难度时，可考虑因地制宜，如直接割草铺园，或收集枯枝落叶铺园以增加茶园有机质。

2. 无机肥料　无机肥料又称化学肥料，按照所含养分不同，分为氮肥、磷肥、钾肥、微量元素肥料等。

（1）氮肥。茶园常用的氮素化肥按组成可分为3类：

铵态氮肥：主要有硫酸铵、氯化铵等。

硝态氮肥：主要有硝酸钙、硝酸钠、硝酸铵等。

酰胺态氮肥：最常用的有尿素、石灰氮肥。

（2）磷肥。磷肥主要有过磷酸钙、钙镁磷肥、磷矿粉、钢渣磷肥、磷铵、骨粉等，由于原料关系，磷肥通常含有各种重金属。

（3）钾肥。钾肥主要有硫酸钾、氯化钾、草木灰等。

（4）微量元素肥料。微量元素肥料主要有硫酸锌、硫酸铜、硫酸锰、硫酸镁、硼酸、钼酸铵等，可用作基肥或追肥施入土中，生产上多采用叶面喷施。茶园微量元素肥料的使用要根据土壤养分实际情况决定。

3. 有机无机复混肥料　有机无机复混肥料是指含有氮、磷、钾三要素中的两种或两种以上元素的化学肥料，按其制造方法，分为复合肥料和混合肥料。

（1）复合肥料。复合肥料又称合成肥料，以化学方法合成，如磷酸氢二铵、硝酸磷肥、硝酸钾和磷酸二氢钾等，复合肥料养分含量较高，分布均匀，杂质少，但其成分和含量一般是固定不变的。

（2）混合肥料。混合肥料又称混配肥料，肥料的混合以物理方法为主，有时也伴有化学反应，养分分布较均匀，混合肥料的优点是灵活性大，可以根据需要更换肥料配方，增产效果好。复混肥料的标识通常是以“N—P_2O_5—K_2O—（微肥）”的形式出现。如30-10-10-1（Zn）代表此肥料的氮、磷、钾含量分别为30%、10%、10%，Zn肥含量为1%。

4. 微生物肥料 微生物肥料有两种说法：一是指含微生物的肥料；二是指用微生物发酵处理过的肥料。第一类微生物肥料，即菌肥。如根瘤菌、固氮菌、硅酸细菌、复合微生物、光合细菌、发酵素菌等。第二种说法与堆肥基本类似，目前多数堆肥都用微生物处理，以加速腐烂或除臭。这类肥料中含有一定量的微生物。

5. 其他肥料 随着社会的发展，人们对生态环境和肥效提出了更高要求，根据茶树对养分的吸收特点和茶园土壤养分供应特性，市场上开发出一些适用于茶园土壤的茶树专用肥，如施用含有氮、磷、钾、硫、镁、锌等营养元素，且氮、磷、钾比例为3∶1.5∶1.5的茶树专用肥，能促进茶芽早发、多发，所制茶叶的茶多酚、氨基酸和水浸出物等含量显著高于不施肥的处理。

缓释肥又称包膜肥料、包衣肥料、薄膜肥料，是指用半透性或不透性薄膜物质包裹速效性化肥制成的颗粒肥料。包膜肥料进入土壤后速效养分缓慢释放，肥效延长。这些肥料目前在茶园上应用较少。

控释肥是另一种新型肥料。它是利用包膜技术将化肥包膜，使其在不同时间或按作物需求适时释放出所含养分。其作用是一次施肥长期有效，通常半年以上，减少肥料损失。

（三）茶园营养诊断

对茶树进行营养诊断，可以确定茶园施肥的时期、数量及肥料种类，快速、便捷、实用的诊断方法十分重要。

1. 营养诊断的意义 茶树的生长发育与自身营养状况有密切联系，营养失调将导致茶树生长异常，茶叶产量和品质降低。茶园营养诊断的目的是寻找生理障碍发生的原因，制订消除障碍的措施，改善茶树的营养状况，进而提高茶园经济效益；或者是对茶园土壤理化性质进行诊断，为制订合理的农技措施提供依据。

2. 营养诊断技术 营养诊断主要包括茶树形态诊断、茶树化学诊断、土壤化学诊断、酶学诊断等。

（1）茶树形态诊断。茶树养分不足通常表现为器官生长和发育的提前或延迟。由于茶树体内各种营养元素的移动性和生理功能不同，因此，营养失调时症状所出现的部位和外部形态也是不同的，即失调症状出现的部位和形态特征是有规律的。从形态诊断观察植株的长势、长相或者特有的症状，可以分析判断所缺元素的种类，估算缺乏的程度。当然，茶树的外观形态还受土壤、气候和病害等因素的影响，如叶片失绿，既可能是缺素的症状表现，也可能是由土壤水分过多或气温偏低等原因造成。因此，形态诊断只能为土壤、植株化学诊断提供材料，诊断时要考虑到各种可能的影响，综合分析研究。

为检验形态营养诊断的准确程度，还可采用缺素补给法进行辅助诊断，即发现某种症状时，可采用喷施、涂抹、注射和叶脉浸渍等补给方法，使茶树植株获得引起生理障碍的元素，形态特征应有所变化。若障碍症状消失，可能是缺乏诊断元素，若障碍症状加重，则可能是由其他原因引起。茶树缺素症状在形态上的表现见表2-2。

表 2-2 茶树缺素的表现症状

缺乏的营养元素	主要症状
氮	生长减缓，新梢萌发轮次减少，新叶变小，对夹叶增多；随缺氮严重，叶绿素含量明显减少，叶色黄而无光泽，叶脉和叶柄逐渐显现棕色，叶质粗硬，叶片提早脱落；开花结实增多，新梢停止生长，最后全株枯萎
磷	初期茶树生长缓慢，接着根系生长不良，吸收根提早木质化，逐步变成红褐色，嫩叶暗红，叶柄和主脉呈现红色，老叶暗绿；随着缺磷严重，老叶失去光泽，出现紫红色块状突起，花果少或没有花果，发育处于停止状态

（续）

缺乏的营养元素	主要症状
钾	初期与缺氮相似，接着老叶叶尖变黄，并逐步向基部扩大，叶缘呈焦灼、干枯状，并向上或向下卷曲；下表皮有明显的焦斑，组织坏死；严重时，老叶提早脱落，枝条灰色，枯枝增多，易感染茶饼病、云纹叶枯病、炭疽病或其他茶树病害
钙	首先表现在幼嫩芽叶上，嫩叶向下卷曲，叶尖呈钩状或匙状，色焦黄，逐渐向叶基发展；中期顶芽开始枯死，叶上出现紫红色斑块，斑块中央为灰褐色，边缘呈棕红色，质脆易破裂；后期老叶出现黄白色花斑，茎细节短，根系有腐烂枯死现象
镁	初期上部新叶绿色，下部老叶干燥粗糙，上表皮呈灰褐色，无光泽，有黑褐色或铁锈色突起斑块；中期老叶灰白或棕黄色，叶尖、叶缘开始坏死；后期幼叶失绿，老叶全部变灰白，出现严重的缺绿症，但主脉附近有 V 形小区域保持暗绿色，外面围绕黄边
硫	初期表现为嫩叶失绿，但主脉不红；后期下部老叶出现少量黄白色花斑，茎细节短，根系发黑
铁	初期表现为顶芽淡黄，嫩叶花白而叶脉仍为绿色，形成网眼黄化；后期叶脉失绿，顶端芽叶全变黄，甚至变白，下部老叶仍呈绿色
锰	首先发生在刚展开的幼叶上，即叶脉间形成杂色或黄色的斑块，叶缘向内蔓延，而叶脉和斑块周围仍为绿色，成熟新叶轻微失绿，叶尖、叶缘和锯齿间出现棕褐色斑点，斑中央有红色坏死点，周围有黄色晕轮，斑块逐渐向主脉和叶基延伸扩大，随之斑块毗连成片，叶尖叶缘开始向下卷曲，易破裂，后期病叶脱落，顶芽枯死
锌	茶树嫩叶出现黄色斑块，叶狭小或萎黄，叶片两边产生不对称卷曲或呈镰刀形，刚成熟的新叶中部出现淡黄色小点，中央白色，中期黄点迅速扩大，黄白色花斑更鲜明；后期叶小而皱缩扭曲，病斑呈灰白色，枯死后破裂成孔洞，继而病叶脱落；新梢发育不良，出现莲座叶丛，植株矮小，茎节短，根系发黑枯死
铜	初期在成熟新叶上出现形状规则、大小不等的玫瑰色小圆点，中央白色；中期病斑转为橘黄色，随之出现坏死病斑；后期病叶严重失绿，病斑扩大，叶缘坏死，但主脉仍为绿色

（2）茶树化学诊断。茶树化学诊断是用化学检测方法分析茶树所含的养分含量，然后进行比较，以诊断营养元素的丰缺。植株化学分析结果对判断养分的丰缺具有更直接、更可靠的意义。因为茶树体内某些元素的含量与其生长和茶叶产量品质之间存在着直接或间接的相关关系，某一营养成分过高或过低都将对茶树发育产生不利影响，通过利用已知参数对照化学测定的结果，便可判断营养状况。化学诊断可以在缺素早期，外部形态往往还不太明显时，就为营养诊断提供可靠的信息。植株化学诊断可为确定茶树施肥种类、数量、比例以及最佳的施肥时间与方法提供科学依据。

茶树营养元素含量与取样时间和部位有关。取样部位应当选取树体营养元素反应灵敏的部分进行。一般选取春茶一芽二、三叶和成熟叶为宜。取样时间除特殊目的外，基本在茶树新梢生长旺盛期进行。同时，不同营养元素在茶树中的移动性不同。对于移动性强的营养元素，通常取成熟叶进行营养诊断；对于移动性弱的元素，宜选用新梢。

（3）土壤化学诊断。土壤化学诊断是用化学测定法分析茶园土壤的养分含量，然后与经验拟定的标准进行比较，以诊断营养元素的丰缺，亦可分别测定正常与异常植株生长土壤中的养分含量进行比较判断。与形态诊断不同，土壤化学诊断能准确提出定性和定量的依据，其目的是了解某一时期土壤养分的动态变化及供肥水平。

土壤化学诊断的准确度与取样时间、方法、深度等有很大关系，取样方法正确与否直接关系到所获得的土壤样品能否代表茶园的实际情况。根据诊断目的决定取样时间，在发现茶树生理障碍时，应及时在发生障碍的植株周围取样。所取土壤样品必须具有代表性，要根据地貌特点、土壤类型、地块大小、施肥记录等决定样品数量。每个土壤样品通常由 10 个以上取样点土壤混合而成。诊断分析的目的不同，取样深度也不同，由于茶树根系分布较深，茶园土壤取样深度一般应达到 60 cm 左右。若要了解土壤上下层养分含量的变化，就要按土壤剖面分层取样，以获得可靠的分析数据。土壤取样时间一般全年均可，但以全年茶季结束后施基肥前较好。

此时取样分析的养分含量与茶叶产量的相关性最好，同时便于根据土壤测试情况制订全年的施肥计划。

（4）酶学诊断。许多营养元素，尤其是微量元素是酶的组成成分或活化剂。若缺少某种元素，那么与该元素关系密切的酶的数量和活性等就会发生变化。因此可以根据最敏感酶的变化来诊断植株的营养状况，判断元素的丰缺。酶的变化远早于植株外部形态的变化，因此酶学诊断灵敏度高，有利于缺素症的早期诊断及潜在性缺乏的诊断。

（四）茶园施肥时期与方法

茶园施肥的效果与施肥时期和方法有密切关系，只有掌握适当的施肥时期和不同肥料的性质，采用经济合理的用肥量和施肥方法，才能取得良好的施肥效果。根据茶树的生育周期和需肥特性，茶园施肥可分为底肥、基肥、追肥和根外追肥等几种。

1. 底肥

（1）底肥的作用。在建设新茶园或改种换植时施入的肥料，称为底肥。底肥的主要作用是增加茶园土壤有机质，改良土壤理化性质，促进土壤熟化，提高土壤肥力，为茶树生长及优质高产创造良好的土壤条件。施用底肥对新垦茶园，尤其对新垦条植茶园效果显著。茶园底肥一定要施深、施足、施好，才能充分发挥肥效。

（2）茶园底肥种类。

有机肥：牲畜粪肥、绿肥、草肥、秸秆、堆肥、厩肥、饼肥等。

化肥：磷矿粉、钙镁磷肥、过磷酸钙等。

（3）施肥时期。茶园底肥施用一般在开挖种植沟时进行。

（4）施用量。一般农家有机肥如牲畜粪肥等，用量为每亩2 000～3 000 kg，钙镁磷肥或过磷酸钙每亩用量为100～150 kg。

（5）施用方法。有机肥与化肥混合施用的效果优于单纯采用速效化肥。底肥要做到分层施用，土肥相融，促进深层土壤的熟化，诱发茶树根系向深层发展。底肥可集中在种植沟内施入，开沟时沟深 50～60 cm，先填 15～20 cm 的表土，施入一层肥料后，再填一层表土，最后再施一层肥料，肥料施入种植沟内与土壤充分拌和均匀。

2. 基肥

（1）基肥的作用。茶树地上部分停止生长后施入的肥料，称为茶园基肥。基肥的作用是为茶树提供足够的能缓慢分解的营养物质，以供给冬季根系生长活动的需要，同时为第二年春季茶芽萌发提供养分，对春茶的早发、旺发和肥壮起重要作用。

（2）茶园基肥种类。施用基肥的目的是为茶树提供营养元素，改良土壤理化性质。基肥要求含有较高的有机质以便培肥土壤，改善土壤理化性质，提高土壤保肥、供肥能力。同时，要含有一定的速效营养成分，以利于茶树吸收。基肥还应具有缓慢释放养分的特点，以适应茶树秋冬季节养分吸收能力弱的特点。因此，基肥以迟效性农家肥为主，如厩肥、堆肥、绿肥、泥炭、牲畜粪尿等有机质含量比较丰富的肥料，同时混合氮、磷、钾三元复合肥、过磷酸钙或磷矿粉施用，做到取长补短，既能为茶树提供部分速效养分，又能提供部分缓慢分解的有机养分，同时具备改土作用。有机肥种类多，养分含量不一，对茶树养分的供应能力和改土作用不尽相同。例如，饼肥的含氮水平较高，能提高茶树的营养能力，但碳氮比低，改土培肥能力较弱。相反，堆肥和厩肥的含氮量较低，但碳氮比例高，能显著提高土壤有机质。因此，施肥时可采用饼肥和堆肥（或厩肥）的混合物，或者隔年轮换施用。

（3）施肥时期。基肥的施用时间由茶树地上部分停止生长的时间决定，一般地上部分停止生长后立即施用，宜早不宜迟。沂蒙茶区一般在白露前后，适时施用基肥并结合冬耕，有利于越冬芽的正常发育和损伤根系的愈合。

（4）施用量。茶园基肥的施用量要根据茶园土壤肥力水平，茶树年龄、茶叶产量、茶树生长势、耕作管理水平等因子综合分析，因园、因树适量施用。茶树由小到大，施肥量也应由少到多。一般来说，幼龄茶树在种植后的第二年至投产前，每年结合行间冬耕熟化土壤，亩施厩肥、堆肥、牲畜粪肥等有机肥 1 500～2 000 kg，或饼肥 100～150 kg，配施复合肥 20～30 kg；成龄采摘茶园基肥的施用数量适当增加，亩施厩肥、堆肥、牲畜粪肥等有机肥 2 000～3 000 kg，或饼肥 200 kg 以上，配施复合肥 30～40 kg。

磷肥可隔年配合堆肥混合施用，亩施过磷酸钙 25 kg、钾肥如硫酸钾 10 kg。没有商品钾肥，可施少量草木灰。

（5）施用方法。

①幼龄及青年茶园：探明茶树根系的分布范围，平地和梯地茶园在茶树两侧，20～25 cm 以外的茶行间细根范围外开 2 条宽 15 cm、深 15～20 cm 的施肥沟，把肥料均匀施入沟内覆土。对于覆盖度小的多条植幼龄茶园，也可在茶行的空隙间挖穴施肥。

②坡地条栽茶园：可按上述距离，在茶树上方开施肥沟。

③成龄茶园：成龄茶园根系分布范围与树冠范围基本一致，可沿树冠垂直的外围开 20～25 cm 深的施肥沟。根据茶树的种植方式，可采用不同形式的施肥沟，如平地、梯地及坡地等高条植茶园，可开长条形施肥沟；平地丛植茶园沿茶丛周围开环形施肥沟；稀植坡地茶园在茶树上方开半圆形沟，施肥后与土壤拌和，再用土覆盖。

3. 追肥

（1）追肥的作用。茶树地上部分生长期间施用的肥料，称为茶园追肥。追肥的主要作用是补充茶树生长过程中对养分的需要，促进茶树生长，达到持续优质高产的目的。茶树在休眠期和生长旺盛期对养分的需求不同。据研究，茶树休眠期间吸收的养分占全年总吸收量的 30%～35%，而生长旺盛期的养分吸收占 65%～70%。在生长旺盛季节，茶树除利用自身储存的养分，还要从土壤中吸收大量的营养元素，因此，需要通过追肥来补充土壤养分。茶树生长季节性强，追肥要及时，避免生长过程中发生养分供应脱节现象，最大限度发挥肥效。

（2）追肥种类。茶树旺盛生长期间对养分的吸收能力强，吸收快，因此，追肥以速效氮肥为主，常用的有尿素、碳酸氢铵、硫酸铵等。同时配合施用磷钾肥及微量元素肥料，或用复合肥做追肥。

(3)追肥时期。追肥一般在各茶季之前，分为春、夏、秋追肥。幼龄茶园的追肥时期与成龄茶园大致相同，同时为发挥定型修剪的效果，可在修剪结束后立即追肥。

(4)施用量。茶园追肥要根据树龄、茶叶产量和土壤肥力水平综合考虑，一般来说，茶树从小到大，产量由低到高，施肥量也随之增加。茶园每年亩施氮肥量见表2-3。

表2-3 茶园氮素追肥用量参考

幼年茶园		成年茶园	
树龄	氮肥用量（kg/hm^2）	干茶产量（kg/hm^2）	氮肥用量（kg/hm^2）
1～2	37.5～75	＜750	90～120
3～4	75～112.5	750～1 500	100～250
		1 500～2 250	200～350
		2 250～3 000	300～350
		＞3 000	400～600

追肥要分次追施，分配比例取决于茶树的生物学特性、采摘制度及气候条件等因素。幼龄茶园的追肥，如果分两次追施，可按60％、40％的比例施入；如分3次追施，可按50％、30％、20％分施。采摘茶园的追肥，可按40％、30％、30％或50％、25％、25％的比例施用。

(5)施用方法。

①幼龄及青年茶园追肥：开施肥沟的位置同施基肥一样，施肥沟的深度可浅一些，一般开深5 cm左右的平底沟，将所施化肥均匀施入沟内，再覆土。如在春茶前旱季追肥，可先用水溶解化肥，浇入施肥沟内，待肥液被土壤吸收后再覆土。一般0.5～1 kg化肥兑水50 kg，这样可以使肥料迅速被茶树根系吸收，又有抗旱作用。

②成龄茶园追肥：在原来施基肥的位置上，开深10～15 cm，宽30 cm左右的平底浅沟，形状与施基肥一样，将化肥均匀施入沟

内与土壤拌和后再用土覆盖，旱季施用化肥应兑水浅施，以提高肥效。

4. 根外追肥 茶树除了根部能吸收养分外，叶片及绿色枝条也能吸收养分。把含有养分的溶液喷到作物的地上部分，主要是叶片，称做根外施肥。

（1）茶树叶片吸收养分的特点。叶片通过两种途径吸收附着在其表面的营养物质：一是通过叶片的气孔进入叶片内部；二是通过叶片表面角质层化合物分子间隙向内渗透进入叶片细胞。这些物质进入细胞后，与根部吸收的营养一样被同化。茶树吸收的营养物质能被迅速输送到其他组织和器官，生长比较活跃的幼嫩组织如新梢输送较多，输送到根系的较少。

（2）茶树叶面施肥的优点。

①叶面吸收的养分能被很快输送到各个组织和器官中，促进茶叶嫩芽新梢早生晚发，可有效提前茶芽开采期，增加茶园鲜叶产量。

②叶面施肥不受土壤对养分淋溶、固定、转化等因素的影响，养分利用率高，施肥效果好。

③叶面施肥能活化茶树体内酶的分解，加强茶树根系吸收能力，促进茶树生长，增强茶树抗逆性，提高茶叶产量，改善茶叶品质。

④在逆境条件下，喷施叶面肥能增强茶树的抗性。例如，干旱季节叶面施肥，可以改善茶园小气候，有利于提高茶树抗旱能力；沂蒙茶区冬季气温较低，秋季通过叶面喷施磷、钾肥，可以提高茶树抗寒越冬能力。

⑤叶面肥可以同病虫害防治、喷灌等结合，提高劳动效率，节约用工。

（3）叶面肥的种类和浓度。叶面肥施用效果与肥料浓度有较大关系，浓度过低，效果差；浓度过高，容易灼伤叶片。因此，叶面肥浓度必须适当。叶面肥种类较多，大致可分为大量元素、微量元素、稀土元素、有机液肥、生物菌肥、生长调节剂以及专门型和广谱型叶面营养物。由于叶面肥种类较多，性质和作用各不相同，施用的浓度和用量有较大差异。使用时应参照说明执行。

（4）根外追肥的注意事项。

①喷施时机：根外追肥最好在新梢伸展的初期进行，即鱼叶和第一片真叶初展时喷施最好。这时幼嫩芽叶表面细胞柔软，吸收养分较快，能及时促进新梢生长。

②喷施时间：以傍晚或阴天为宜。早上有露水，肥料容易稀释流失；中午有烈日，高温暴晒引起水分快速蒸发改变肥液浓度，使茶树叶片枯焦。同时也要防止喷施后下雨淋洗，降低根外追肥效果。

③喷施部位：茶树叶片正面蜡质层较厚，背面薄且气孔多，吸收能力较正面强，因此，喷施时要正面、背面同时喷施，并特别注意叶片背面的喷施。

④喷施方法：与农药配合施用时，要注意农药和肥料的化学性质，酸性农药配酸性化肥，碱性农药配碱性化肥，以免改变药液性质。

据研究，茶树叶面吸收的营养物质不能运送到茶树所有器官及组织内，因此，根外追肥不能代替根部追肥。在叶面喷施的同时，要加强根部追肥，这样才能起到较好的作用。

（五）绿肥种植

1. 茶园绿肥种植的意义 利用幼龄茶园行间、梯壁或在园边空地种植绿肥，是实现以短养长、长短结合、增加收入和解决茶园有机肥自给的有效途径之一，也是改良土壤，建设高产、高效、优质茶园的一项重要措施。

绿肥富含有机质及茶树生长所需的氮、磷、钾元素，是改良土壤的好肥料，它在茶叶生产中的作用如下：

（1）固定空气中的氮素养料，供茶树吸收利用。栽种的绿肥作物大部分是豆科植物，其根部有根瘤菌，能够把空气中的游离氮素固定。研究表明，每亩豆科作物和根瘤共生积累的氮素，以亩产绿肥鲜草 1 250 kg 计算，相当于施用 25 kg 硫酸铵。豆科植物能把吸收的养料变成植物体内的蛋白质，待绿肥翻入土壤后，蛋白质又分解为氮素养料，供作物吸收利用。

（2）吸收土壤深层的矿物营养及较难溶解的含磷化合物。豆科植物的根系入土较深，能把土壤深层茶树不易吸收的养分如磷、钾等元素吸收集中起来，并且吸附土壤中难溶的磷酸化合物，使难溶的磷酸化合物变为绿肥本身的有机磷，待绿肥翻埋入土腐烂后，磷就容易被茶树吸收利用。

（3）改良土壤，减少水土流失。一般绿肥除含有0.3%～0.5%氮、0.3%磷（五氧化二磷）、0.3%钾（氧化钾）外，还含有10%～20%的有机质。因此，种植绿肥不但能增加茶园养分，还能改善土壤结构，把板结的土壤改造成具有稳固性团粒结构的疏松土壤。坡地茶园种植多年生绿肥，还可以减少水土流失，提高土壤保水蓄水能力。

（4）新茶园间种多年生绿肥，避免冻害和旱害的发生。对于幼龄茶园，绿肥可以起到遮阳、防霜、防旱，抑制杂草生长，避免茶苗受冻害和旱害的作用。

（5）节省劳力，消灭杂草。绿肥可以直接翻埋用作肥料，节省大量堆制肥料和运输肥料的人力、物力。如果把绿肥用作茶园覆盖，又可抑制杂草生长，节省除草用工。因此，发展绿肥，增加肥料来源，提高土壤肥力，是茶园管理的一项重要措施。

2. 茶园绿肥种类及应用 茶园绿肥的种类很多，按种植季节可分为夏季绿肥、冬季绿肥。夏季绿肥主要有田箐、饭豆、黄豆、绿豆、花生等；冬季绿肥主要有紫云英、光叶紫花、肥田萝卜、蚕豆、豌豆等。按生长期长短，绿肥可分为一年生绿肥和多年生绿肥。一年生绿肥主要有柽麻、竹豆、豇豆、苕子等；多年生绿肥主要有山毛豆、木豆、银合欢等。按植物学科，绿肥又可分为豆科绿肥和非豆科绿肥等。豆科绿肥主要有紫云英、苕子、豌豆、豇豆等；非豆科绿肥主要有油菜、金光菊等。

种植绿肥必须结合实际，因地制宜。茶园梯壁主要选择矮秆或匍匐型绿肥，如无刺含羞草、日本草、野花生等；园边、坎边主要选择高秆型绿肥，如金光菊、大叶猪屎豆等。

3. 种植绿肥应注意的问题 为使绿肥长好高产，种植绿肥需要注意以下问题。

（1）选种。选择适合当地气候、土壤，有利于茶园管理和茶树生长，耐酸、耐旱、耐贫瘠、高产、病虫害少的绿肥品种。

（2）适时播种。绿肥播种时间不同，产量差异很大。播种过迟，绿肥营养生长期短，产量低。适时播种是保证绿肥良好生长的条件之一。

（3）合理密植，保证全苗。要使苗棵和枝叶有足够的密度，必须适当增加播种量，做好保苗期管理工作，如除草、防旱及防治病虫害等，保证全苗。

（4）以磷换氮，以小肥换大肥。豆科绿肥所需的氮素营养并不完全是由根瘤菌固定的，其中有 1/3 左右的氮素来自土壤，尤其在幼苗期还未长起根瘤之前，磷、钾完全从土壤中吸收，因此，苗期必需施少量的磷肥、钾肥。

（5）接种根瘤菌，固氮促长。在通常条件下，土壤中的共生根瘤菌数量很少，豆科绿肥作物的固氮作用不能充分发挥，绿肥的产量也不高。豆科绿肥作物利用空气中游离氮，通过根瘤菌的固氮作用增加土壤中的氮素，因此接种根瘤菌能保证根瘤增多且发达，提高固氮能力。苜蓿接种根瘤菌，鲜草产量比不接种的增产效果显著。可通过收集种植过该豆科作物的根部土壤拌种，然后播种。

（6）及时刈割，及时压青。茶园夏季绿肥生长旺盛的季节，也是茶树生长旺盛的季节，两者互相争夺肥水、光照，除用冬季间作方式缓和外，还可以通过及时刈割绿肥加以解决。刈割的绿肥可直接铺在茶行，既解决与茶树争肥、争水的矛盾，又能增加土壤养分。

4. 茶园绿肥间作方法

（1）播种时期。一般情况下，夏季绿肥在 4～6 月播种，冬季绿肥在 8～10 月播种。不同的绿肥品种播种时期略有差异，夏季绿肥在水热条件许可的情况下要力争早播。

（2）种植密度。茶园行间间作绿肥一般仅适用于 1～3 龄的幼龄茶园或树冠覆盖度小的成龄茶园。间作方式可根据树冠对梯面的覆盖度来确定，一般是在茶树的行间种植1～2行绿肥。另外，梯形茶园梯壁还可间作匍匐型绿肥，园边空地也可间作绿肥。

第四节　茶园良性土壤培护管理

在茶园土壤管理中经常会遇到一个问题，即什么样的茶园土壤优异，或者说是管理得好。过去常说的宜茶土壤，主要是在茶园开垦种植时使用，重点关注pH、土层种类及厚度。但生产茶园，更多的是关心茶园肥力水平的高低。因此要有一个参考指标来界定茶园土壤性能。

一、土壤质量指标

土壤质量指标用来表征耕地等农业用地的质量状况。土壤肥力作为其中一个重要指标被保留。

（一）土壤物理指标

土壤物理指标是最常用的参考指标，也是使用历史最久的指标，或者说是相对最成熟的土壤指标。杨亚军在《中国茶树栽培学》中提出宜茶土壤应具备土壤深厚、在1 m以上、剖面构型合理、质地沙壤、土体疏松、通透性良好、持水保水能力强、渗水性能好等特征，并给出了一些养分指标（表2-4）。这些指标其实就是土壤物理指标，但目前绝大部分茶园都很难达到要求。

表2-4　优质高产茶园土壤物理指标

项目	剖面构型	土层厚度（cm）	质地（中国制）	容重（g/cm^3）	孔隙度（%）	三相比（固：液：气）	渗水系数（mg/kg）	土稳性团聚体直径>0.75cm
指标	表土层	20～25	壤土	1.0～1.1	50～60	50：20：30	>18	>50%
	心土层	30～35	壤土	1.0～1.2	45～50	50：30：20		
	底土层	25～40	壤土	1.2～1.4	35～50	55：30：15		

（续）

项目	有机质 (g/kg)	pH (H_2O)	全氮 (g/kg)	交换性铝 (cmol/kg)	交换性钙 (cmol/kg)	有效养分 (mg/kg)						
						氮	磷	钾	镁	锌	硫	钼
指标	>20	4.5～6.0	>1.0	3～4	>4	>100	>15	>80	>40	>1.5	>30	>0.3

（二）生物学指标

生物学指标用来衡量土壤适宜生物生长的能力，前述肥力指标主要是指土壤能提供茶树或植物生长所需养分，但茶树是否生长健康没有考虑。生物学指标就是把土壤当作一个个体，看其自身是否健康的一个参考指标。有关土壤生物学指标已经有许多研究，但在茶园土壤方面的研究相对较少。目前常用的土壤生物学指标包括微生物生物量、土壤微生物种类及数量、土壤动物数量、土壤酶活性等。有研究认为茶园土壤的有益微生物总数（细菌＋真菌＋放线菌）不得小于 0.5 亿个/g；蚯蚓数量要多，不得少于 30 条/m^3。在地面无覆盖物的茶园土壤中，基本上无蚯蚓。

（三）化学指标

土壤的化学指标是指土壤中各种养分和土壤污染物质等的存在形态和浓度，直接影响植物生长和动物及人类健康。要生产优质茶，有害重金属含量不可超过标准要求。可通过调整土壤管理技术，使土壤各项肥力指标不断提高，茶叶品质不断改善，产量不断增加，生产效益不断提高，实现可持续发展。

（四）茶园土壤培育或维护措施

随着茶园的连续生产，茶园土壤的可持续能力会下降。如何防止茶园肥力或土壤质量下降，是茶园管理的重要内容。常年生产茶园的主要问题是土壤容重增大，pH 下降，有机质含量降低，生物多样性变差，有毒有害物质累积。这些问题大都是由于施肥或翻耕等管理不当引起的，最主要的是施肥不当。针对这些问题，施肥时要注意：有机肥、无机肥配合施用，重施有机肥。追肥以氮肥为主，适当配合磷肥、钾肥。开沟施肥，提高肥效，保持土壤容重。注意肥料的选择，防止重金属污染累积。

二、茶园土壤改良

茶园土壤改良主要是针对过度酸化土壤、营养不良土壤、污染土壤、生态环境恶化土壤等的改良。

(一) 过度酸化土壤

茶园酸化是指因长期过量施用化肥、缺少翻耕等原因引起的茶园土壤 pH 过低问题。茶园土壤最适 pH 为 4.0～5.5。当 pH 低于 4 时，认为茶园土壤酸化严重。针对土壤酸化茶园，可采取的措施有：

(1) 适量施用石灰等快速改良土壤。

(2) 施用碱性有机肥。碱性有机肥主要是养殖场粪便类有机肥，通过白灰消毒生产而成，对改良酸性土壤同样有效。

(3) 多施有机肥，提高茶园缓冲能力，减少茶园酸化。

(4) 施用石灰氮肥，注意施用安全。

(二) 营养不良土壤

营养不良土壤是指不适合茶树生产的土壤，如山地丘陵地区的一些梯田、水田、盐碱地、茶园苗圃地、老茶园改造地等。这些土壤，在植茶前要进行适当改良以保证茶苗正常生长。

1. 碱性土壤　这类土壤通常 pH 高，盐分含量高，种茶前需要进行土壤改良。改良主要以降低土壤 pH 和盐分为主。常使用硫黄、黑矾等降低 pH，并结合有机肥施用，或是种植牧草、绿地后，再考虑种茶。

2. 苗圃茶园和老茶园土壤　这两类茶园的土壤改良有一些共同点。苗圃茶园，由于扦插密度高，土壤酸化严重，多酚类物质累积程度高，如果连作死亡率偏高。老茶园土壤，同样存在长期植茶 pH 下降酸化问题。同时茶园生物多样性指数偏低，微生物种群相对单一。直接植茶影响后续新植茶苗的健康生长。传统的改良方法有：

(1) 采用药物灭菌处理、暴晒、种植一季绿肥或其他作物，使土壤特性发生改变。

（2）种植前施入一定有机质改良土壤。

（3）对于扦插苗圃的土壤，可采用客土法，直接铺上新土。

（三）污染土壤

污染土壤主要指重金属污染。部分城郊或公路附近的茶园，由于受汽车尾气的影响，导致茶园土壤重金属铅含量过高。其防治的最有效手段是沿公路附近种植不同层次的树木隔离带，阻挡尾气向茶园飘移，避免茶叶受到铅污染。其次是茶园土壤重金属本底偏高。如矿区茶园土壤母质中含大量重金属元素。针对这类土壤，目前尚无有效的治理方法。如果是小面积污染土壤，可考虑客土法，直接移去污染土壤。对大面积污染的轻污染土壤，可适当种植超积累植物或富集植物，降低土壤重金属累积量，但修复周期较长。

（四）生态环境恶化土壤

生态环境恶化土壤主要是指在不适宜种茶地区开垦的茶园，如在土壤 pH 不能满足茶树生长要求、水资源缺乏或水土流失严重的茶园，这些地方如要种茶，要想办法使生态环境满足茶树生长需求。在陡坡茶园（坡度＞25°）土壤上开垦种植，如果直接等高顺坡种植，会造成严重的水土流失、肥料流失，影响周边环境。对这一类茶园，最好是退茶还林，或改造为梯田式茶园。

三、茶园间作

茶园间作分两种，一种是茶园套种，茶行间套种一年生植物，如绿肥、大豆、玉米等；另一种是茶林果间作，茶行间套种果树、林树等多年生树种或经济林。

（一）茶园间作的利弊

合理的茶园间作或套种，不仅能增加效益，而且能改善茶树生长环境，促进茶树生长发育。

1. 改良茶园土壤、增加土壤肥力　改良茶园土壤、增加土壤肥力主要是指幼龄茶园的绿肥套种，茶林间作起不到这个作用。

2. 改善生态环境 茶园间作树木或果林，可以减少阳光的直接辐射。同时树木枝叶受风力作用，不断交换位置和方向，形成大量漫射光，使茶园光照度大幅度减弱。茶园间作还有利于调节茶园的温湿度，改善生物多样性。

3. 防止水土冲刷 新建茶园中套种农作物，相当于在土壤表面增加了覆盖物，有利于减少或防止丘陵及坡地茶园的水土流失，增加土层蓄水量。

4. 保蓄土壤水分 幼龄茶园行间大量裸露，表面蒸发严重，间作或套种能提高土壤的保水能力。生草栽培以幼龄茶园最为合适，更适宜于新建茶园，可有计划地选择两三种适应性强的草种搭配种植。常用的草种，豆科植物有白三叶草、红三叶草、苜蓿、新昌荅子等；禾本科植物有百喜草、梯牧草、菰草等。

5. 品质改良和增效 茶园间作尤其是绿肥的间作，对改良土壤的物理状况、养分供应、温湿度等都有好处。

茶园间作也有一些不利因素：

（1）与茶树争夺水分和养分。茶园间作物会与茶树争夺水分和养分，特别是5～9月，间作物耗水量最多的季节也是茶树耗水的季节。

（2）病虫害类型增加，增加农药使用。间作物与茶树共同成长，会增加病虫害类型，增大防治难度。

（3）增加机械化作业难度，引起机采或机耕的障碍。

因此，茶林间作，更合适的做法是茶园地块间的绿化，而不是茶行内间作。茶园套作，提倡在幼龄茶园间进行。

（二）茶园间作物的种类及选择

茶园间作作物种类较多。适宜在幼龄茶园和改造后茶园中间作的有豆科植物的白三叶草、绿豆、赤豆、大叶猪屎草、田菁、紫云英、苜蓿等；高光效的牧草，如苏丹草、墨西哥玉米、美洲狼尾草和美国饲用甜高粱等。在成龄茶园中，间作物主要有果树，如梨、板栗、桃、葡萄、李、柿、樱桃、大枣等；经济树种，如杉木、乌桕、合欢树、泡桐、银杏、桑等。选择间作物时应注意：

间作物不能与茶树急剧争夺水分、养分；能在土壤中积累较多的营养物质，有利于土壤团粒结构的形成；能更好地抑制茶园杂草生长；作物较少或不与茶树发生相同的病虫害。

（三）间作方法

间作方法根据茶树株行距、茶树年龄、间作物种类确定。常规种植的茶园，1～2年生茶树可间作豆科作物、高光效牧草等品种；3～4年生茶树，因根系和树冠分布较广，行间空隙较少，只能间作1行，不宜种植高秆作物；成年茶园间作以果树和经济林为主，间作物成年后茶园遮光率控制为30%～40%。

四、茶园地面覆盖

茶园地面覆盖是一项具有保水、保肥、保土、除草效果的综合性茶园管理措施，有生物覆盖和人工覆盖两种。

（一）生物覆盖

生物覆盖是茶园间作的一种，特指茶—绿肥（牧草）类的间作，是对作物不进行任何形式的中耕除草，而使园地全面长草或种草，并在生长期间刈割数次，铺盖行间和作物根部，做成堆肥、厩肥。

（二）人工覆盖

人工覆盖因覆盖材料不同，分为铺草与覆地膜两种。

1. 铺草 茶园行间铺草是一项简单易行，效果显著的茶园土壤管理作业，不受气候、地域限制。

（1）茶园行间铺草的作用。

①减少水土流失，肥料流失，提高化肥利用率。坡度大的幼龄茶园，土壤冲刷现象严重，铺草覆盖以后，土壤冲刷量比未铺草时明显减少。大雨之际，茶园铺草可使雨滴打在草料上，形成缓慢的水流，以利于渗入土壤，减少地表径流。干旱时期，覆盖可降低土壤水分的蒸发强度，保蓄土中水分，减轻干旱对茶树生育的影响。

②有效减少夏季地表的蒸腾作用，提高土壤的持水能力。

③通过草的腐熟转化，提高茶园土壤的肥力质量。改善土壤内部水、肥、气、热状况，满足茶树生长需要。铺草茶园的土壤有机质、全氮、全磷、全钾含量以及土壤微生物数量明显增加。茶园铺草可以调节茶园土壤温度，冬季保温夏季降温，具有“冬暖夏凉”的效果，而且“夏凉”比“冬暖”作用更明显。

（2）铺草技术。平地与梯式茶园可散铺，稍加土块压镇；坡地茶园，宜沿等高线横铺，呈复瓦状层层首尾搭盖，并注意用土块适当固定、镇压，以免被风和雨冲走。除了将外源草料等铺入茶园，还应重视将茶树本身积累的有机物保留在茶园中，这是增加茶园有机质含量、提高养分循环利用、减少损失的极好方法。

2. 覆地膜 在草源缺乏时使用地膜覆盖，具有调节土壤温度的作用，早春有利于春茶提早发芽，冬季有利于预防冻害，旱季有利于保水抗旱；同时，还能防除杂草，防止雨滴直接打击地面，避免土壤侵蚀和养分淋失等作用。

地膜覆盖应注意季节变化，冬春季节覆盖地膜对茶树生育有促进作用，而夏季覆盖会伤害茶树。另外，覆盖地膜前要进行中耕除草，施足肥料并灌水。

五、茶园水肥一体化技术

茶园水肥一体化是根据茶树生长发育需要，将可溶性固体或液体肥料，按土壤养分含量和茶树的需肥规律及特点，配兑成肥液与灌溉水一起通过可控管道系统，均匀、定时、定量、直接供给作物根系的技术。

茶树生长周期长，生长过程中对水肥的需求量大，不同生长期对水肥条件的需求量也不同，因此，水肥对茶树的生长以及产量和品质会产生巨大影响。沂蒙茶区多数茶园分布在丘陵地带，土壤保水保肥能力较差，在灌溉过程中容易造成水土流失，存在着水资源和肥料利用率较低的问题，进而使得茶树出现减产、降质、病害多发等问题。因地制宜地运用茶园智能水肥一体化技术，根据茶树生长季节性，结合不同季节茶树对养分的需求规律、土壤条件和气候条件等因素，确定施肥量、施肥时期、施肥比例，充分提高水肥利用率，改善茶园生态环境，实现茶园绿色可持续发展。

（一）茶园水肥一体化的优点

茶园水肥一体化的优点为节水，节肥，省工省时，减轻病害，增加产量、改善品质、提高经济效益。

1. 节水 传统的浇水和追肥方式，作物饿几天再撑几天，不能均匀地“吃喝”。而采用水肥一体化技术，避免了水在运输途中的浪费以及深层渗漏等问题，可以根据茶树需水需肥规律随时直接供应到茶树根系，有效提高了水的利用率。有研究表明，传统灌溉方式水的利用系数约为0.45，喷灌水的利用系数约为0.75，滴灌条件下水的利用系数可达0.95。

2. 节肥 水肥一体化可以方便地控制灌溉施肥时间和用量，然后直接把水肥通过管道系统输送到茶树根部，实现集中有效施肥，减少了肥料随水流失、挥发、被土壤固定等损失，大大提高了肥料的利用率，与传统施肥相比可节省肥料40％以上。

3. 省工省时 水肥一体化通过管道系统给茶树供水供肥，只湿润茶树根区，其行间空地保持干燥，便于开展农作管理。同时，减少了传统沟施追肥、灌溉、除草、喷药等劳动力。

4. 减轻病害 多数病害是因田间湿度过大引起的，水肥一体化技术的应用降低了土壤湿度和空气湿度，改善了田间生态环境，抑制了病虫害的繁殖与传播，减少了农药的投入和防治病害的劳力投入。

5. 增加产量，改善品质，提高经济效益 水肥一体化技术可以适时适量地供给茶树不同生育期所需的水分和养分，明显改善茶树生长条件，实现增产，提高了茶叶的品质和经济效益。

（二）茶园水肥一体化架构

1. 微灌系统组成 茶园微灌系统主要包括水源，首部系统

（水泵、控制阀、施肥器、过滤装置等），输水管道系统和灌水器。各茶园可根据自身的地形、田块、单元、土壤质地、作物种植方式、水源特点等基本情况，选择适合本茶园的微灌系统。

（1）水源。主要为河流水、井水，呈微酸性，水质应符合GB 5084—2005和GB/T 50085—2007，绿色食品茶园水质要符合NY/T 391—2013的规定。

（2）首部系统及设备要求。

①首部系统。首部系统为微喷灌系统提供加压、控制、施肥、过滤、安全防护等功能。

②水泵。根据水源状况、灌溉面积、设计扬程等选用适宜的水泵种类，配置相应动力。水泵选型时工作点应位于高效区，能更好地确保微灌系统工作正常。

③控制设备。控制设备由逆止阀、安全阀、排气阀等构成，保证微喷灌溉系统正常工作，规格参数需与管道、水泵的技术参数相匹配。资金充裕、规模较大的现代茶园水肥一体化控制系统可与物联网系统相匹配，实现精准远程控制。

④施肥器。常用的施肥器有文丘里施肥器、施肥泵注肥装置，微喷灌系统的肥料供给装置，需做防锈、防腐处理。当流速满足文丘里施肥装置正常工作时，宜采用文丘里施肥装置；当流速偏低时宜采用施肥泵注肥装置将肥液注入输水管道。对于规模较大的园区可以配备自动施肥系统，连接使用物联网，便于实现分区管理和自动控制。

⑤过滤装置。最常用的过滤装置有离心过滤器、网式过滤器和叠片过滤器，用于过滤水源中的沙子、碎石、树叶等杂质，保障灌水器通畅。根据水质情况，过滤器可以单独使用，也可以多种过滤器组合在一起使用。过滤器规格参数应与管道、水泵的技术参数相匹配。另为使系统正常工作提供必要的保证，首部系统还应设置进排气阀、流量计、压力表。

（3）输水管道系统由输水主管道、出水口、地面支管道构成。输水主管道采用PE管件、PVC管材，承压标准0.63 MPa。PVC管材应符合《给水用硬聚氯乙烯（PVC-U）管材标准》（GB/T 10002.1—2006），PE管件应符合GB/T 13663.3—2018标准。

出水口采用微喷灌双向双阀出水口，PVC材质出水口阀门应符合GB/T 10002.3—2011标准，灰铸铁出水口阀门应符合GB/T 12226—2005标准。

地面支管道采用涂塑软管或PE软管，支管道承压≥0.3 MPa。

（4）灌水器及要求。采用N65斜5孔微喷灌带，规格：折径65 mm，直径40 mm，孔径0.5 mm，孔距25 mm，微喷带充水时，5个喷孔布局呈斜弧型。

2. 灌溉 微喷灌溉要与自然降雨相结合，灌水次数与灌水量需依据茶树需水规律、土壤墒情及降雨情况等综合确定。另外，茶园灌溉一定要掌握好返青水、肥后水和越冬水。返青水一般结合春季追肥进行，时间一般在春分前后，黏土可适当提前，沙壤土适当推后；肥后水在每次追肥后，根据土壤墒情和气候条件进行；越冬水是北方茶园越冬防护的关键措施，一般在立冬后浇越冬水，且要浇足浇透，浇后可适当松土保墒，在茶树行间覆草盖膜，土壤封冻后不再浇水。

（1）灌溉时间。

在具体实施过程中可结合下面4个方面的因素综合确定：

①土壤含水量。不同土壤类型由于田间持水量不同，耐盐性不同，因此灌溉的次数和施肥数量要有所区别。确定灌溉时间最好的方式是挖根，挖开土壤刨面，在作物根系取土，用手一攥能成团就可以了。当土壤含水量低于田间持水量的70 %时，应考虑灌溉。

②土壤吸力。利用土壤pF计来连续地指示土壤吸力，研究表明，当土壤吸力高于2.7时，应考虑灌溉。

③茶树芽叶细胞汁浓度。茶树芽叶细胞汁浓度是茶树对环境条件的生理反应，当茶树芽叶细胞汁浓度高于10 %时，应考虑灌溉。

④茶树叶片水势。茶树叶片水势可灵敏地反映土壤水分和茶树体内水分状况，当茶树叶片水势低于-1×10^{6} Pa时，应考虑灌溉。

（2）灌水量。

灌水量主要是根据作物根系的分布，一般情况下，只要作物根系集中的区域土壤保持湿润状态即可。正确地确定茶园单位面积灌水量（灌水定额）和总灌水量，满足茶树对水分的需求，合理规划灌溉系统常根据以下3个参数确定（参照山东省茶园水肥一体化设备技术要求和规范）：

①灌水定额。1 hm^2地一次应灌多少水，常用计算灌水定额的公式为：

$$M=l\times h\times P\times(A-B) \text{ 或 } M=l\times(ha-hb)$$

式中：

M——灌水定额（m^3或t/hm^2）；

l——水分利用率；

h——根系活动土层厚度（m）；

P——土壤容重（t/m^3）；

A——土壤重量含水率适于茶树的上限；

B——土壤重量含水率灌前测定值；

ha——适于茶树的最大水深（m）；

hb——灌前测定水深（m）。

②总灌流量。选用水泵型号时，必须先做出总流量的设计。常用计算公式为：

$$Q=qW/l$$

式中：

Q——总灌流量；

W——总灌溉面积；

l——水分利用率；

q——灌溉用水模数。

3. 施肥 茶树同其他高等植物一样，对营养的需求具有多样性，但仍以氮、磷、钾为主，氮、磷、钾肥的配施既能满足茶树对各种肥料的需求，又能起到很好的互补促进作用。

（1）灌溉施肥中的氮素。氮元素是茶树中具有重要地位的矿质养分，是构成茶叶中蛋白质、氨基酸等滋味物质的重要成分，核酸、磷脂、多种维生素（B_1、B_2、B_6等）、咖啡碱、大多数生物膜、激素和其他许多重要有机物中都含有氮素。土壤中氮素的含量与茶叶氨基酸、茶氨酸、茶叶新梢内的咖啡碱含量均呈正相关。

在灌溉施肥的条件下，肥料中氮肥有 3 种基本形态：尿素氮[中性分子，$CO(NH_2)_2$]、铵态氮（正电荷，NH_4^+）、硝态氮（负电荷，NO_3^-）。尿素随灌溉水在土壤中移动，通过灌溉施用的尿素在湿润土区的土壤表面很容易挥发损失，氮的损失达 70%以上；铵离子带正电荷，被吸附在土壤黏粒表面带负电荷的地方，或与 Ca^{2+}、Mg^{2+}等阳离子交互作用，在土壤细菌作用下氧化成硝态氮，随灌溉水在土壤中移动；硝酸根离子（NO_3^-）带负电荷，是一种强氧化剂，在缺氧条件下，容易通过反硝化作用，造成氮的损失，因此，一定注意不要过量灌溉。

（2）灌溉施肥中的磷素。磷是核酸、磷脂以及高能磷酸化合物等物质的组成元素，作为各种酶的活化剂参与许多生理代谢活动，能促进氮素的吸收、利用，促进同化产物的运输，提高作物抗旱、抗病虫害、抗倒伏等能力。

用于灌溉施肥的磷肥必须是完全可溶性的，常用的磷肥有磷酸钾或磷酸铵，其中磷酸二氢钾是一种包含氢氧化钾和磷酸的水溶性盐，它含有 51.5%的 P_2O_5 和 34%的 K_2O，由于盐残留非常低，特别适合在盐化大的土壤中施用。液态下可溶性磷酸盐离子为 $H_2PO_4^-$ 和 HPO_4^{2-}，而植物只吸收 $H_2PO_4^-$ 形态的一价磷。当溶液中总磷保持稳定时，磷的一价和二价离子的相对分配由 pH 决定，当 pH 超过 7.2 时，二价磷的比例增加很快，当 pH 低于 7.2 时一价磷离子是主要组成部分，因此，当磷肥与铵态氮肥（酸性肥料）配施时能促进根系对磷的吸收。

（3）灌溉施肥中的钾素。钾在茶树体内以 K^+ 状态存在，其含量仅次于氮素，主要存在于新梢部位。钾在茶树体内的流动性很大，可以提高茶树的抗逆性，能促进糖类的合成、运输和贮存，对吸水和蒸腾过程，有较好的调节作用，同时钾还有助于磷的吸收和转化。

常用灌溉的水溶性钾肥有氯化钾、硫酸钾、磷酸二氢钾和硝酸钾。在土壤中只有游离态的钾离子能被植物根系吸收，而“被固定”的钾离子和“被释放”的钾离子之间很少交换，因此，通过灌溉施肥能保证作物生长发育和农产品品质。

（4）灌溉施肥中的微量元素。茶叶中含有人体必需的 10 多种微量元素，其中含量高的有 Ca、Mn、Fe、Co、Ni、Cu、Zn、F 等。随着茶叶产地的地理、地质等环境因素不同，个别微量元素在茶叶中的富集程度较高，形成了具有地域特色的茶叶品质。

在施用微量元素时要考虑到灌溉水中的养分。Mn、Fe、Cu、Zn 等非常容易和土壤黏粒及土壤其他成分发生反应，所以，当微量元素肥料以无机硫酸盐这样简单的无机盐形式施入土壤时，它们的有效性急剧下降，而且，在绝大多数情况下，很快转化为无效态。如果以螯合态施入，金属元素会从螯合物中释放出来，在植物根系表面一直保持植物能吸收利用的有效形态。

（5）茶园水肥一体化应用过程中需遵守以下几个原则：一是少量多次，符合植物根系不断吸收养分的特点，减少一次性大量施肥造成的肥料损失；二是避免出现过量灌溉形成径流，一般使 20～60 cm 的土壤保持湿润即可；三是在使用微喷时要注意控制溶液的浓度，防止出现溶液烧伤叶片和根系；四是要注意灌溉用水的硬度和酸碱度，避免出现灌溉水和肥料、肥料混合使用时产生沉淀，降低肥效；五是注意温度，早春低温时氮肥少用尿素，多用铵态氮和硝态氮肥；六在施肥时氮肥和钾肥可全部通过灌溉系统施用，磷肥一般用过磷酸钙作基肥施用，微量元素常通过叶面肥喷施。

茶树是叶用作物，对氮的需求较大，针对土壤肥力、茶树需求及不同制茶类型，可实行氮肥纯氮总量控制和配方施肥，一般投产茶园按照 N∶P_2O_5∶K_2O＝3～4∶1∶1，全年氮肥总用量控制在每亩 20～30 kg。按照少量多次的原则，一般追肥比例按春、夏、秋采茶前 3 次 4∶3∶3 进行。采用水肥一体化的北方茶园一般可采用“一基六追多喷”或“一基十追多喷”的施肥方法。

4. 茶园水肥一体化技术的主要应用模式

（1）滴灌。滴灌技术是一种局部灌溉技术，通过低压管道系统将水和肥料缓慢均匀地输送到作物根系附近。通过滴灌系统，能够实现水肥精准控制，显著提高水肥的利用率，极大地改善茶园由于粗放施肥造成的土壤酸化和盐渍化问题。通过滴灌可使水的利用率提高到 90%以上，节肥 30%以上。

滴灌水肥一体化技术应用广泛，不受地形限制，在有一定坡度的丘陵或山区使用也不会产生径流。当前，茶园的种植模式多为双行密植，一般采用大行距（120～180）cm×双行距 30 cm×株距 20 cm。幼龄（3 年以下）茶树可采用单行毛管，将毛管铺设在茶树中间，滴头间距根据土壤、地形等条件选择 30～40 cm，流量一般选择 1.6～2 L/h；3 年以上茶树一般选择双行铺设，毛管放在茶树外围、树冠覆盖范围以下，滴头间距与流量同样根据土壤、地形等条件选择。

（2）微喷灌。微喷灌是利用低压水泵和管道系统输水，在低压水的作用下，通过特别设计的微型雾化喷头，把水喷射到空中，并散成细小雾滴落到茶树表面和地面的灌溉方法。微喷技术比喷灌更为省水，由于雾滴细小，其适应性比喷灌更大，作物从苗期到成长收获期全过程都适用。微喷既可增加土壤水分，又可提高空气湿度，能起到调节小气候的作用。但水雾在空中易受到空气阻力、风力、大气蒸发等气候因素的影响。茶园常用的微喷一般分为地面式和悬空式，并有固定式和移动式。

（三）科学配置茶园水肥一体化

1. 管道铺设要合理 管道的铺设要根据作物的种植密度、土壤类型合理选择滴灌设备的滴头距离、流量。滴灌管铺设时要将滴灌管的滴头孔向上，防止沉淀物堵塞滴头，同时可以防止停止灌溉时形成的虹吸将污物吸到滴头处。

茶园多位于山区、丘陵地带，往往存在不同程度的高差，用普通滴头会导致出水不均匀，通常表现为高处水少，低处水多。为了保证管道各处的出水均匀一致，地形起伏高差大于 3 m 时，就应该使用压力补偿式滴头。压力补偿滴头在一定的压力变化范围内可以保持均匀的恒定流量。

2. 选择合适的过滤设备 常用的过滤设备有：离心过滤、叠片过滤、网式过滤、自动反冲洗过滤器。应根据水源条件单一或组合使用。介质过滤可以充分过滤水源中的悬浮物质和藻类，主要用于河流、水库、池塘等地表水的过滤，一般在其后面配备叠片式过滤器作为二级过滤；离心过滤重在过滤沙石，保养维护方便，主要适用于井水或含沙量较大的渠道水的初级过滤，一般在其后面配备叠片式过滤器作为二级过滤；叠片式过滤器清洗简单方便，过流能力大，过滤效果好，易于控制，通常作为二级过滤；网式过滤一般是单层过滤，过滤效果一般，但使用维护简单，水源水质较好的情况可以使用；全自动反冲洗过滤器使用维护方便，但价格稍高。

3. 定期清洗过滤系统 过滤系统是整个水肥一体化系统的核心，毛管出现堵塞，多数都是过滤系统出现问题造成的，因此要根据水源和施肥情况定期清洗过滤装置。一般情况下，灌溉施肥按照：通水→施肥→通水的顺序进行。

4. 选择合适的水溶肥料 市场上很多固体和液体肥料都适用于灌溉系统，在选择时应选用高品质、高溶解性、含盐量较低和 pH 合适的肥料。当多种肥料混合灌溉时必须要考虑到不同肥料间的相容性（表 2-5），及肥料和灌溉系统部件之间的化学反应，具有一定腐蚀性的肥料可能会破坏系统的阀门管件等装置。另外，肥料的溶解度也会随着温度的变化而变化（表 2-6）。对于较大规模茶园灌溉施肥时可选用固体肥料代替常用的液体肥料，可以降低施肥成本。

表 2-5　肥料相容性（Rooddy，2008）

	尿素	硝酸铵	硫酸铵	硝酸钙	硝酸钾	氯化钾	硫酸钾	磷酸铵	硫酸铜、硫酸铁、硫酸锌、硫酸锰	螯合铜、螯合铁、螯合锌、螯合锰	硫酸镁	磷酸	硫酸	硝酸
尿素	√													
硝酸铵	√	√												
硫酸铵	√	√	√											
硝酸钙	√	√	×	√										
硝酸钾	√	√	√	√	√									
氯化钾	√	√	√	√	√	√								
硫酸钾	√	√	R	×	√	R	√							
硫酸铵	√	√	√	×	√	√	√	√						
硫酸铜、硫酸铁、硫酸锌、硫酸锰	√	√	√	×	√	√	R	×	√					
螯合铜、螯合铁、螯合锌、螯合锰	√	√	√	R	√	√	√	R	√	√				
硫酸镁	√	√	√	×	√	√	R	×	√	√	√			
磷酸	√	√	√	×	√	√	√	√	√	R	√	√		
硫酸	√	√	√	×	√	√	R	√	√	√	√	√	√	
硝酸	√	√	√	√	√	√	√	√	√	×	√	√	√	√

注：√表示相容，×表示不相容，R 表示相容性降低。

表 2-6 不同温度条件下，一些肥料的溶解度 单位：g

温度（℃）	KNO_3	KCl	K_2SO_4	NH_4NO_3	Urea
10	21	31	9	141	84
20	31	34	11	192	105
40	46	37	13	242	133

注：表中所示为每 100 g 溶剂中的溶解度。

第三章

茶树修剪

修剪是根据茶树生长发育的内在规律，结合不同生态条件、栽培方式、管理条件和茶树品种等，控制和刺激茶树营养生长的一种重要手段。对茶叶高产、稳产、优质，保持树势健壮，延长茶树的经济年龄关系很大，同时也为茶园管理、采摘机械化提供条件。自然生长的茶树常常是主干明显，侧枝细弱，每年只能长出二三轮新梢。且树形高低不一，呈纺锤形。芽叶立体分布，无法形成分枝广阔而密集的采摘面，不能适应机采和手采的要求，同时由于根系与枝干间的距离增大，容易产生枝干自疏而呈衰老状态，进而影响产量和品质。因此在生产上常根据茶树各生育阶段，采用不同的修剪技术，并与其他栽培措施相配合，充分发挥修剪在增强茶树营养生长上的作用。

第一节　修剪方法

依照茶树的植物学原理，可根据不同茶树类型采用不同的修剪方法。

一、定型修剪

幼龄茶树定型修剪是抑制茶树顶端生长优势，促进侧芽萌发和侧枝生长的修剪措施，要达到培养骨干枝、增加分枝级数，形成“壮、宽、密”的树型结构，扩大采摘面，增强树势的目的，为高产、稳产、优质打下良好的基础。

（1）定型修剪在每年的春、夏、秋季均可进行，以春季茶芽萌发之前的早春 2～3 月为最佳时间。

（2）定型修剪的次数一般幼龄茶树需进行 3～4 次定型修剪，即定植后 3～4 年内每年进行 1 次定型修剪。海拔低、肥水条件好、长势旺的茶园一年可定剪 2 次。具体修剪技术指标见表 3-1 和图 3-1。

表 3-1　幼龄茶苗定型修剪技术指标

修剪次数	修剪位置（cm）	茶苗高度（cm）
第一次	25～30	15～20
第二次	40～50	30～40
第三次	50～60	45～50

注：每次修剪要求剪口平滑，呈 45°角，定剪后立即增施肥料并及时防治病虫害。

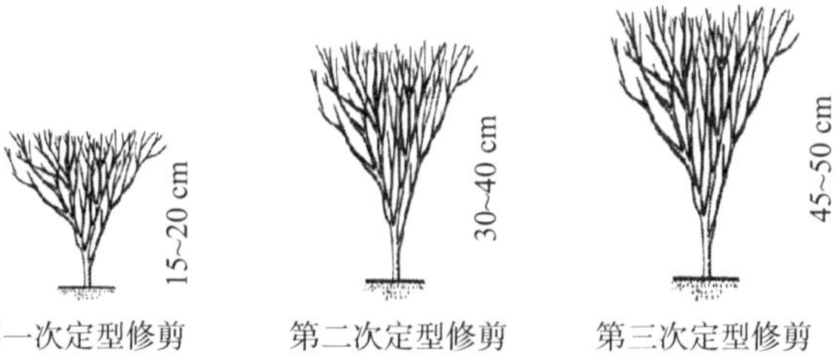

图 3-1　茶树定型修剪

二、轻修剪和深修剪

青、壮年茶园，经多次采摘，树冠面参差不齐，形成许多鸡爪枝，可根据具体情况，采用轻修剪或深修剪。

（1）轻修剪。一般每年的 2～3 月进行 1 次轻修剪，剪去冠面 3～5 cm 的绿叶层及参差不齐的枝叶，可促进芽梢的萌发，减少对夹叶，提高芽叶质量。

（2）深修剪。当茶树冠面出现许多鸡爪枝、纤细枝、节节枝时，要进行深修剪，时间为每季茶采摘结束后立即进行。具体方法是剪除鸡爪枝、节节枝、细弱枝，一般修剪深度为 8～12 cm，剪后冠面呈弧形。

三、重修剪和台刈

（1）重修剪。对于树势衰老、枯枝病虫枝较多、育芽能力弱、对夹叶不断出现、产量逐年下降的半衰老茶树及树势矮小、萌芽力差、产量无法提高的未老先衰茶树，可采用重修剪，依衰老程度剪去原树高的 1/3～1/2，越衰老的茶树剪去的越多。重剪时要用剪刀或整枝剪，将冠修成弧形，并剪去下部病虫枯枝和部分细弱枝，切口应平滑稍斜。实行重修剪的茶树宜在深翻施足基肥后进行。

（2）台刈。对树势衰弱，树冠多枯枝、虫枝、细弱枝，芽叶稀小且多是对夹叶，主干枝附生地衣、苔藓，单产极低的老茶园可采取台刈改造。一般在离地面或茶树根颈 5～10 cm 处用利刀或专门的刈剪斜剪，大的主干可用锯割。剪（锯）时应防止切口破裂。茶树的台刈更新，在大寒前后进行。实行台刈的茶树也应在深翻施足基肥后进行。

第二节　茶树修剪与农技措施的配合

一、修剪应与肥水管理密切配合

修剪虽然是保证茶叶丰产的一项重要措施，但不是唯一措施，只有在提高肥、水管理及土壤管理基础上，才能充分发挥修剪的增产作用。茶树修剪对茶树自身生长也是一次创伤，每经一次修剪，被剪枝条会耗损很多养分，剪后又要大量抽发新梢，这在很大程度上依赖于根部储存的营养物质。为使根系能不断供应地上部分的再生长，并保证根系自身生长，就需要足够的肥、水供应，因此加强土壤管理格外重要。剪前要深施较多的有机肥料和磷肥，剪后待新梢萌发时，及时追施催芽肥，以便促使新梢健壮，尽快转入旺盛生长状态，充分发挥修剪的应有效果。

二、修剪应与采留相结合

幼龄茶树树冠养成过程中骨干枝和骨架层的培养主要靠3次定型修剪。广阔的采摘面和茂密的生产枝则来自合理的采摘和轻修剪技术。定型修剪茶树，在采摘技术上要采用“分批留叶”采摘法。做到多留少采，以养为主，采摘为辅，实行打头轻采。

三、修剪应注意病虫害防治

树冠修剪或更新后，一般要经过一段时期留养，这时枝叶繁茂、芽梢柔嫩，是病虫害滋生的时期，特别对于危害嫩梢新叶的茶蚜、小绿叶蝉等，必须及时检查防治。对于衰老茶树更新复壮时刈割下来的枝叶，要及时清出园外处理，并对树桩及茶丛周围的地面进行一次彻底喷药防除，以消灭病虫卵繁殖基地。

第四章 茶叶采摘、验收及贮运

茶叶采摘既是茶叶生产的收获过程，也是增产提质的重要树冠管理措施。茶叶采摘好坏，不仅关系茶叶质量、产量和经济效益，而且关系茶树的生长发育和经济寿命的长短。在茶叶生产过程中，茶叶采摘具有特别重要的意义。

每年随着季节的推移，茶树新梢生长呈现枝上生枝的现象，体现了茶树生育的“轮性”特征。自然生长的茶树一年内有3次新梢生长和休止，即越冬萌发→第一次生长→休止→第二次生长→休止→第三次生长→冬眠。茶叶采摘可以影响茶树新梢的生长规律，增加新梢萌发轮次，沂蒙茶区茶树全年可以萌发新梢4～5轮。在茶叶生产中通过增加采摘轮次，缩短轮次间隔时间，实现全年茶芽萌发轮次的增加，是获得高产的重要环节。

茶叶的采摘有手采（包括工具采）和机采两种方式。手工采摘是传统的茶叶采摘方法。采茶时，要实行提手采，分芽采，切忌一把捋。这种采摘方法的最大优点是采摘的茶叶整齐划一，对茶叶的采留结合容易掌握；缺点是费工，成本高，难以做到及时采摘。细嫩名优茶的采摘标准高，不能实行机械采茶，仍用手工采茶。

第一节　采摘对茶树生长发育的影响

一、采摘的生物化学基础

茶叶采摘要比一般大田作物的收获复杂得多。在茶叶采摘过程中，自始至终存在着采茶与养树之间的矛盾、芽叶数量与质量之间的矛盾。只有在充分认识茶树生长发育特征的基础上，合理运用采摘技术，才能协调采与养、量与质之间的关系，实现茶叶的优质高产，延长经济年限，提高经济效益。

茶树是一种多年生常绿叶用作物，采收的芽叶即茶树的新梢，既是制茶的原料，也是茶树重要的营养器官。新梢上成熟的叶片是茶树进行光合作用和呼吸作用的场所。茶树新梢具有顶端生长优势和在年生育周期中多次萌发生长的特性。茶树新梢由顶芽和侧芽萌发生育而成。顶芽和侧芽因所处位置和发育迟早的不同，在生育上有着相互制约的关系，顶芽最先萌发，生长最快，占有优势地位。顶芽的旺盛生长，抑制了侧芽的生长，使侧芽萌动时间推迟，生长缓慢，甚至呈潜伏状态。所以在自然生长情况下，新梢每年只能重复生长 2～3 次，分枝少，树冠稀。人为采摘，可解除茶树顶端优势，促进侧芽不断萌发，生长加快，新梢生长轮次增多，萌芽密度增加。但茶叶采摘不能过度，否则茶树上叶子太少会影响光合作用，不利于有机物质的形成和积累，影响茶树的生长发育。茶树叶子随着新梢的生长而开展。叶子的生育速度、展叶多少、成熟时期、叶子寿命等生物学特性与茶树内部的生理机能和外界的环境条件紧密相关。据中国农业科学院茶叶研究所在杭州地区测定，新梢生长快的，2～3 d 可展一片叶子，生长慢的，需要 5～6 d。叶子从初展到成熟，生长快的只需 13～14 d，生长慢的需要 28～29 d，平均为 16～25 d，新梢展叶多少，差异甚大，多的可达 10 片，少的只有 1～2 片，一般能展叶 4～6 片。茶树叶片寿命不同，以春梢上着生的叶片寿命最长，夏叶其次，秋叶最短，叶子的平均寿命一般不超过一年，约 320 d。老叶脱落常年都有，但多数在生长季节脱落，新叶生长最多时，老叶脱落最多，每年 4～5 月是落叶高峰期，叶子是茶树生产有机物质的“加工厂”，叶子的适度繁茂是衡量树势强弱和预测茶叶产量高低的标志和依据。因此，在年生产周期内，必须有适量的新生叶子留养在茶树上。茶叶采摘留叶的数量和留叶时期决定了树冠上绿色面积的多少，是一项至关重要的农业技术措施。

二、合理采摘

合理采摘是指在一定的环境条件下，通过采摘技术促进茶树的营养生长，控制生殖生长，协调采与养、量与质之间的矛盾，从而达到多采茶、采好茶，提高茶叶经济效益的目的。茶叶采摘的主要技术内容可概括为标准采、留叶采和适时采。

标准采：按一定的芽叶数量和嫩度标准采摘。

留叶采：根据茶树不同发育时期，不同发育状况，留一定数量真叶采摘，以培养树势、延长采摘期和高产期，这是合理采摘的中心环节。

适时采：根据采摘标准和留叶，及时、分批、多次采摘。

第二节　采摘标准

一、采摘标准的含义

采摘标准是指从一定的新梢上采下芽叶的大小与多少。按采下鲜叶老嫩不同，采摘标准可分为细嫩采、适中采和成熟采。

细嫩采：这是高档名优茶的采摘标准，在茶芽萌发膨大或1～2片嫩叶初展时就采摘。如龙井茶的“雀舌”“旗枪”等。这种采摘标准品质最优，但耗工多，产量低，季节性强。

适中采：这是红、绿茶最普遍的采摘标准。当新梢生长到一定程度时，采下一芽二、三叶和嫩的对夹叶，产量高，品质好。

成熟采：这是特种茶常用的采摘标准。如青茶，采摘顶芽形成驻芽的三、四叶；黑砖茶，新梢成熟，基部已木质化，呈红棕色时采摘。

二、采摘标准的确定

（一）不同茶类

1. 绿茶　名优绿茶采芽、一芽一叶初展或一芽二叶初展。大宗绿茶采一芽二、三叶和同等嫩度的对夹叶。

2. 红茶 一芽二、三叶和同等嫩度的对夹叶。

3. 黄茶 芽至一芽四、五叶。

4. 黑茶 五、六叶的成熟枝梢。

5. 白茶 芽、一芽二叶。

6. 青茶 顶芽形成驻芽的三、四叶。

（二）不同新梢生育和季节

以龙井茶原料的采摘为例。

1. 清明前后 特级采芽、一芽一叶初展（芽长于叶）；一、二级采一芽一、二叶（叶长于芽）。

2. 谷雨后 三至五级采一芽二、三叶初展，部分对夹叶。

3. 夏季 五级采芽叶长度 4 cm 以上，部分对夹叶。

4. 秋季 一芽二叶初展或开展。

第三节 留叶标准

一、留叶标准的含义

留叶标准是指采去芽叶后留在新梢上叶片的多少。按留叶数量不同，留叶标准可分为：

1. 打顶采 新梢展叶 5～6 片以上，或新梢生长即将停止时，采去一芽二、三叶，留三、四片以上真叶，一般每轮新梢采摘一到两次。这是一种以养树为主的采摘方法。

采摘要领：采高养低，采顶留侧，以促进分枝，培养树冠。

2. 留真叶采 新梢长至一芽三、四叶或一芽四、五叶时，采去一芽二、三叶，留一两片真叶。留真叶采是一种采养结合的采摘方法，因留叶多少、留叶时期不同具有多种采摘方式。

3. 留鱼叶采 采下一芽一、二叶或一芽二、三叶，只留鱼叶。这是一种以采为主的采摘方法。

二、留叶标准的确定

在生产实践中，根据树龄、树势、气候条件以及加工茶类的具体情况，选用不同的留叶采摘方法，组合运用，达到既高产、优质，又能维持茶树正常而旺盛生长的目的。

1. 幼年茶树的采摘留叶标准 留叶时以养为主，以采为辅。适用于茶园基础好，肥培管理水平高，幼年茶树生长势良好的茶树。其具体方法是：

二足龄茶树：春、夏茶留养，秋季树冠高度超过 60 cm 时打顶采。

三足龄茶树：春茶末期打顶采，夏茶留二、三叶采，秋茶留鱼叶采。

四足龄茶树：长势好，荫蔽度大的，可进入投产期。春留二叶采，夏留一叶采，秋留鱼叶采。

2. 成年茶树的采摘留叶标准 采摘时以采为主，以养为辅。全年应有一季留真叶采。其具体方法是：

投产初期：春留二叶采，夏留一叶采，秋留鱼叶采。

后期：春、秋留鱼叶采，夏留一叶采。

管理水平高，茶树长势好，叶片多的茶园全年留鱼叶采。管理水平一般的茶园春、夏留一叶采，秋留鱼叶采。

3. 更新茶树的采摘留叶标准 采摘时以养为主，采养结合。其具体方法是：

重修剪茶树：当年留养春梢的茶树不采，夏茶打顶采，秋茶留鱼叶采；第 2 年轻修剪后，可按成年茶树正常采摘。

台刈茶树：当年留养春、夏茶的茶树不采，秋茶末期打顶采。第 2 年春茶前进行第 1 次定型修剪，并剪除密集的细枝，预留骨干枝。夏茶末期打顶采，秋茶留鱼叶采。在此期间，进行第 2 次定型修剪。第 3 年春茶前轻修剪，正常留叶采。

第四节 采摘时期

采摘时期是指在茶树新梢生长期间，根据采摘标准和留叶标准确定的各茶开采期和停采期。

（一）开采期

开采太早，工效低；开采太晚，茶叶产量高峰期采摘不及时，造成浪费。根据气候、茶树生长情况，一般茶园中有 10%～15% 的新梢达到采摘标准和留叶标准即可开采。开采后约 10 d，经过两次采摘，便可进入旺采期。

（二）停采期

指一年中结束采摘工作的时间，也称封园。停采时间的迟早关系当年的产量，也关系茶树生长和翌年产量。要根据不同的气候条件、管理水平、茶树年龄等合理确定停采期。沂蒙茶区 10 月上旬停采。管理水平差、茶树长势弱的茶园，应该提前封园，加强栽培管理，提高第二年春茶产量。

（三）各季茶的时间划分

区分春、夏、秋茶，在生产上有一定的实践意义。春、夏茶有明显的间歇期，比较好区分。夏、秋茶间歇不明显，在茶叶生产管理上，为了便于统计，常将春茶结束后到 7 月底采的茶称夏茶。8 月以后的茶称为秋茶。沂蒙茶区：

春茶：清明到立夏（4 月上旬至 5 月下旬）。

夏茶：小满到夏至（5 月下旬至 6 月下旬）。

秋茶：大暑到寒露（8 月上旬至 10 月上旬）。

第五节　采摘技术

一、手采技术

1. 掐采　食指和拇指的指尖夹住嫩芽或细嫩的一芽一叶，折断采下。适合细嫩采摘，速度慢，效率低。

2. 提手采　掌心向下或向上，用拇指指尖和食指侧面夹住新梢，向上稍用力采下。适合大部分红茶、绿茶的采摘。

3. 双手采　动作和提手采的手法相同，两手比较靠近，相互配合，交替进行，把符合标准的芽叶采下。双手采效率高，熟练茶工半天时间就可采茶 35 kg。

4. 手采的技术要求

快：动作快，工效高。

净：符合采留标准的芽叶包括嫩的对夹叶，采得净，漏采率低。

低：留在茶树上的嫩梗长度适中，不宜太长。

平：采后树冠面平整。采摘芽叶后，对于明显突出蓬面的新梢可顺手摘除。

二、机采技术

茶叶采摘在茶叶生产中是一项季节性强、耗费劳力的工作，一般要占茶园管理用工的50%以上。随着近年农村大批劳力向第二、第三产业转移，采茶劳力短缺问题逐步显现，用工成本提高，茶叶生产成本增加。同时，采茶工采摘习惯、采摘标准不一致，滥采现象也不同程度地存在，鲜叶品质难以保证，影响了茶叶产量和品质。因此，实行机械采茶，减少采茶劳力投入，降低生产成本，保证大宗茶的及时采摘，成为当前茶叶采摘的发展方向。

我国对采茶机的研究始于20世纪50年代末期，通过60多年的研究，已出现了多种生产试验、试用机型。采茶机的工作原理均属于切割式，有往复切割式、螺旋滚刀式、水平旋转刀式3种。以动力形式分，有机动、电动和手动3种，以操作形式分，有单人背负手提式、双人抬式2种。

（一）机采对茶树生育的影响

机采的采摘间隔长。目前机采不能进行分批采，一次采摘芽叶损失量大，采后茶树恢复生长需要较长时间，致使采摘间隔时间变长。一般手工采茶间隔为5～7 d，而机采为12～15 d。长期机采，茶树的发芽密度增加，这其实是茶树衰退的一种表现。

机采茶园叶层变薄。机采是在一个平面上切割采摘，每次机采时，采高了采不到芽叶，采低了导致叶层较薄。机采茶园的叶层厚度应保持在10 cm以上，在生产实践上掌握以蓬面“不露骨”为留叶适度，即以见不到枝干外露为宜。

（二）机采的条件

1. 适合机采的茶树品种 如龙井43、福鼎大白茶等无性系品种，长势好，叶片上斜，节间长度适中。

2. 适应机采的茶树树冠 种植规格、树冠高度和宽度、树冠面的平整度应达到一定要求。

3. 高水平的栽培管理措施 土壤肥沃，施肥水平高、氧分供应充足的茶园。

（三）机采时期

采摘期过早，鲜叶质量好，但产量降低；采摘期过晚，鲜叶产量高，但质量下降。一般根据适采芽叶百分率确定机采时期。春茶一芽二、三叶和同等嫩度的对夹叶比例达到70%～80%，夏、秋茶因持嫩性差，达到60%时开采。

（四）机采茶树的留养

机采茶树的留叶方法和手采不同，手采可以做到留一定数量的真叶，而机采只能是每一次采摘适当提高采摘面，留蓄部分芽叶。一般根据茶季不同，采后蓬面保留1～2片大叶。

第六节　鲜叶验收与贮运

鲜叶质量直接影响成茶品质，做好鲜叶采收后的验收分级、运输途中和进厂后的保鲜工作十分重要。

（一）鲜叶验收与分级

生产过程中因品种、气候、地势及采摘方法的不同，采下的芽叶大小和嫩度会有差异，要进行适当分级、验收，确保茶叶品质。因此，在进厂制茶前，对于采下的芽叶，进行分级验收极为重要。验收时，根据鲜叶老嫩度、匀度、净度、新鲜度4个方面，对照鲜叶分级标准、评定等级，称重、登记。对不符合采摘要求的，要及时剔除，以确保鲜叶质量。嫩度是鲜叶验收分级的主要依据。按照不同茶类对鲜叶原料的要求，从芽叶多少、大小、嫩梢上叶片数和开展程度以及叶质的软硬、叶色的深浅等方面评定等级。匀度是指同一批鲜叶物理性状的一致程度。凡品种混杂，老嫩大小不一，雨、露水叶与无表面叶混杂的均影响制茶品质，评定时应根据鲜叶的均匀程度适当考虑升降等级。净度是指鲜叶中杂物含量的多少。凡鲜叶中混杂有茶花、茶果、老叶、老梗、鳞片、鱼叶及非茶类的沙石、杂草等，均属不净，轻者降低等级，重者应剔除后再验收，以免影响品质。鲜度是指鲜叶的新鲜度，叶色光润是新鲜的象征，凡鲜叶发热、发红、有异味的，应视情况降级处理。

在鲜叶验收中，应做到不同品种鲜叶分开，晴天叶和雨水叶分开，隔天叶与当天叶分开，上午叶与下午叶分开，正常叶与劣变叶分开。并按等级存放，以利于初制加工，提高茶叶品质。

（二）鲜叶贮运与保鲜

为了保持鲜叶的新鲜度，防止发热红变，采下的鲜叶要及时送至茶厂。鲜叶采摘后，失水加快，呼吸作用加强，致使叶内糖分分解，并释放出大量热量，在这种情况下，会使制茶的成品率下降。同时，呼吸作用产生的热量，在鲜叶挤压或通透不好的情况下不能及时散发，将促进呼吸作用，有机物质分解相应加快，多酚类不断氧化，以致鲜叶逐渐红变。鲜叶在堆积过厚、挤压紧实的情况下，还会因氧气供应不足而进行无氧呼吸，产生酒精味。情况严重的会产生酸馊味，再严重时将不能制茶变为废品。因此，鲜叶采下后，应该尽快运往茶厂加工。

装运鲜叶的器具，必须通透良好，利于散热，目前广泛使用的竹编网眼篓筐是比较好的鲜叶盛装器具，篓筐大小一般以散装50～60 kg为宜。盛装时，切忌紧压。另外，装运鲜叶的器具必须保持清洁干净，不能有其他黏附物。每次装运后，器具必须清理干净，不能留有过夜叶，这样，既可防止细菌繁殖，又可避免茶叶中含有的烯萜类物质吸附异味分子而使茶叶产生异味。

鲜叶贮放的环境条件以温度15℃左右，相对湿度90%左右，且阴凉、清洁、空气流通的场所为好。一般春茶鲜叶摊放时温度保持在25℃以内，夏、秋茶鲜叶不超过30℃。鲜叶贮放的厚度，春茶以15～20 cm为宜，夏、秋茶以10～15 cm为宜，具体操作时可根据气温高低、鲜叶老嫩和干湿程度而定。气温高时需要薄摊，气温低时可略厚些；嫩叶摊放宜薄，老叶摊放宜厚；雨天叶摊放宜薄，晴天叶摊放可略厚。

鲜叶的验收与分级、贮运与保鲜是鲜叶管理工作中的重要环节，技术措施得当与否，直接关系茶叶品质与茶园经济效益，在生产上应引起高度重视。

第五章 低产茶园改造

改造低产茶园是一项比较复杂的工作，当前的技术措施主要有树体改造、园土改良和园相改造，这 3 项虽有各自独立的意义，但在一定程度上互相促进、互相制约。

第一节 树体改造

树体改造包括树冠更新和根系更新两部分。

（一）树冠更新

树冠更新的主要措施是修剪。在树冠管理过程中，修剪通常分为轻修剪、重修剪和台刈 3 种类型。依据茶树衰老程度采取不同的修剪措施。轻修剪主要用于抑制茶树枝干顶端生长势和更新树冠上局部出现的细弱分枝。低产茶园中，还有一些半衰老和未老先衰的茶树，树龄不大，但由于重采轻培，导致茶树矮小，产量低下，需要通过重修剪改造。已严重衰老的茶树枝干皮层灰白，分枝稀少，出现回枯和枝干布满地衣苔藓的现象，即使增施肥料，也无济于事，需进行台刈。

（二）根系更新

研究表明，茶树地上部分和地下部分的生长既相互促进，又相互制约。当地上部分向上或向周围生长时，地下部分也向下伸长并向四周扩展。吸收根系愈发达，茶叶产量也会随之提高。但到一定树龄后，树冠衰老，产量下降，这与根系萎缩、粗根比例显著增加、有效根系大量死亡和吸收功能衰退紧密相关。同时，与茶园土壤理化性状恶化、表土冲刷、盐基流失、肥力下降也有直接关系。

深耕不仅仅是一种改土措施，在深耕过程中，不可避免地要损伤部分根系，具有激发新根生长的作用。研究表明，深耕两年后，未经深耕处理的茶树，其活动根系较深耕处理后的茶树要接近土表3～5 cm。深耕结合施肥，活动根系更多。茶树的枝干和根系构成植株的整体，试验资料证明，在根系更新后再进行枝干更新，比仅更新枝干的产量提高三成以上。

根系更新的时间一般可安排在枝干更新前，也可在枝干更新当年的秋末即茶树处于休眠期时进行。深耕的位置距根颈 20 cm 以外，深度为 40～50 cm，结合施用有机肥和磷肥效果更好。

第二节　园土改良

土壤是茶树生育吸取水分和矿物营养的源泉。茶树根系可深入土层 1 m 以下，支根和吸收根布满整个行间。最活跃最有效的吸收根系分布在 10～40 cm 土层，这种自然伸长状况只有在良好的土壤条件下才能实现。低产茶园土壤通常表现为土层浅薄，肥力低下，土性不良，即使增施肥料，也得不到理想效果。因此，在改树的同时改善土壤理化性状，是低产茶园改造成败的重要条件。

（一）深耕施肥

种茶前未曾深翻、开垦时深挖不够，或土质特别黏重的茶园，要通过深耕结合施用有机肥，以创造深厚肥沃的耕作层。这项措施在改树前进行效果更为理想，同时兼有更新根系的作用。一般深耕 30 cm 以上，每亩施用有机肥 5 000 kg，磷肥 25～40 kg。深耕会损伤根系，因此，深耕时期的选择十分重要。一般在地上部分更新后的 9～10 月进行较好，此时尚有足够的地温，能促使断根愈合与新根生长。

（二）客土培护

对土层特别浅薄、石砾多、肥力差、土壤流失严重的低产茶园，要添加客土，培厚土层。客土以森林表土、塘泥、水库泥等有机质丰富的肥土为宜。同时要针对茶园土质状况，采用黏土掺沙、沙土加泥的办法，改善土壤结构。

第三节　园相改造

在低产茶园改造过程中，一并考虑园相改造，通过农、林、牧统一规划和山、水、田、林、路综合治理，才能实现优化茶树生态环境，提高低产茶园效益的改园效果。

衰老茶园和未老先衰的低产茶园，大多种植密度不大，茶园缺株、断行严重，要按照合理密植规格补种。株行距宽窄不一的衰老茶园，补种时要考虑原有茶树的种植规格。原行距在 1.5 m 以下的，只补株间空隙；原行距在 2.5～3 m 的，除株间补种外，中间可增补一行；部分严重缺株的茶园，应尽可能将茶行改补成条列式。对于稀疏零乱、茶丛矮小、树龄衰老，缺株达 60%以上的“满天星”茶园，以及极度衰老的坡地条栽茶园，可按新茶园茶行规格，重新在行间移栽或直播，沿等高线设置茶行。坡度超过 15°的，修筑梯坎。在新茶园投产之前，老茶树继续采摘茶叶，待新茶树养成后，再将老茶树挖除，这种改造方式也称“以新代旧”。

茶树属多年生作物，但其经济栽培年龄并不是无限的。茶树达到一定的年龄后，虽然还可以通过更新措施加以复壮，但在茶树个体生命活动中，经过若干次更新后，更新周期愈来愈短，树势恢复也愈来愈弱。因此，茶树更新复壮并不是无止境的。在低产茶园改造过程中，这类情况多在百年以上的老茶园中才会发生。对于这类茶园，可考虑换种改植，将老茶树连根拔除，园中土壤深翻 60 cm 以上，或对病区实行土壤消毒，种植 1～2 年绿肥后改种新选育的茶树优良品种，使其彻底更新成为全新茶园。

对换种改植的茶园，要特别注重园土的改良。茶树在一处生长了数十年，土壤性质发生了很大变化，“老化”现象严重，诸如茶树根系分泌的有害物质积累；土壤微粒因雨水淋溶而下沉，有效土层内不透水层的形成；长期施用生理酸性肥料，盐基流失，土壤酸性太强；土壤营养元素贫乏、失调，特别是茶树需要的微量元素奇缺；园土微生物变化，有害病原体增多等。这类茶园在园土改造时，要十分注意清除残根，实行深翻，并增施有机肥料。

第六章 茶园病虫害防治

茶树病虫害直接影响茶叶产量，关系茶园经济效益，在生产中要留心观察，积极防治，实现茶园效益的最大化。

第一节　主要虫害及防治

茶树虫害种类繁多，随发生时期和发生季节不同，害虫种类不同。

茶树害虫按照为害部位不同，主要分为食叶类害虫和吸汁类害虫两大类。食叶类害虫是通过取食茶树叶片危害茶树的一类害虫，包括：①尺蠖类害虫如茶尺蠖、灰尺蠖和茶云纹尺蠖等。②毒蛾类害虫如茶毛虫、茶白毒蛾等。茶毛虫一般在老茶区为害。③蓑蛾类害虫如茶蓑蛾、茶小蓑蛾、茶褐蓑蛾、大蓑蛾等。④卷叶类害虫如茶小卷叶蛾、茶卷叶蛾等。⑤象甲类害虫如茶丽纹象甲、茶芽粗腿象甲等。此外，还有茶刺蛾、茶叶斑蛾和茶叶夜蛾等。

吸汁类害虫是通过刺吸茶树汁液危害茶树的一类害虫，包括：①叶蝉类害虫如假眼小绿叶蝉和乌叶蝉。②蚧类害虫如长白蚧、椰园蚧、茶牡蛎蚧、角蜡蚧等。③害螨类如茶橙瘿螨、茶叶瘿螨和茶跗线螨等。此外，还有黑刺粉虱、茶黄蓟马、茶蚜和茶网椿等。

一、假眼小绿叶蝉的发生与防治

1. 为害特点　假眼小绿叶蝉是沂蒙茶区分布最广、危害最重的一种茶树害虫。该虫以成虫和若虫吸取茶树汁液为害，干扰茶树营养物质的正常输送，导致茶树芽叶失水、生长迟缓、焦边、焦叶，造成茶叶减产。全年以夏秋茶受害最重，一般受假眼小绿叶蝉危害的茶园，夏、秋茶减产10%～15%，危害严重的年份减产可高达50%以上。此外，假眼小绿叶蝉危害后的芽叶，在加工过程中易断碎，易产生烟焦味，对茶叶品质有严重的影响。

2. 生活习性 假眼小绿叶蝉为不完全变态昆虫，完成一个世代要经过成虫、卵、若虫3个阶段。假眼小绿叶蝉一年发生9～12代，以成虫在茶树、杂草或其他作物上越冬。翌年早春转暖时，成虫开始取食、补充营养，茶树发芽后开始产卵繁殖。卵散产于茶树嫩茎皮层与木质部之间。若虫大多栖息在嫩叶背及嫩茎上，以嫩叶背居多。1～2龄若虫活动范围不大，3龄后善爬行、善跳跃、畏光，横行习性增强。成虫有陆续孕卵和分批产卵的习性，在适宜条件下一般15～20 d就可以完成一个世代，因此各虫态混杂难以分清代别，世代重叠现象严重。假眼小绿叶蝉一年的消长规律可分为双峰型和单峰型2种类型。双峰型是指一年中有两个发虫高峰，第一峰一般集中在5～6月，主要危害夏茶，第二峰集中在9～10月，主要危害秋茶；单峰型是指一年中只有1个发虫高峰，一般集中在7～8月，主要危害夏、秋茶。成虫、若虫在雨天和晨露时不活动，时晴时雨、留养及杂草丛生的茶园有利于假眼小绿叶蝉的发生。

3. 防治方法

（1）及时分批、多次采摘。据统计，假眼小绿叶蝉卵在嫩梢上的分布为顶芽至芽下第1叶间嫩茎内占14.2%，芽下第2叶至第3叶间嫩茎内占55.7%，叶柄处占5.2%。低龄若虫主要在嫩叶上活动，及时分批勤采，可随芽叶带走大量的卵和低龄若虫，可以有效控制假眼小绿叶蝉的危害。

（2）减少用药、保护天敌。茶园是一个比较稳定的生态系统，蜘蛛对茶园中假眼小绿叶蝉的控制作用可达40%，螳螂和瓢虫等也对假眼小绿叶蝉有一定的捕食能力，尽量减少茶园施用农药的次数，降低农药用量，避免使用对天敌杀伤力大的农药，可以充分发挥天敌对假眼小绿叶蝉的控制作用。

（3）掌握虫情、适时喷药。假眼小绿叶蝉的防治指标是春茶为百叶 6 头或每平方米虫量 15 头左右；夏茶为百叶 12 头或每平方米虫量 25 头左右。防治适期应掌握在虫口发生高峰前期，且田间若虫占总虫量 80%以上，施药方式以低容量蓬面喷雾为宜。防治可选用 2.5%联苯菊酯水乳剂每亩 30～40 mL、20%啶虫脒可溶液剂每亩 5～7.5 mL、10%吡虫啉可湿性粉剂 3 000～4 000 倍液。

二、茶尺蠖的发生与防治

1. 为害特点 茶尺蠖又名拱拱虫，是茶树的主要食叶类害虫之一，以取食茶树嫩叶为主，发生严重时可将成片茶园食尽。茶尺蠖为完全变态昆虫，完成一个世代需要经过成虫、卵、幼虫和蛹 4 个阶段。

2. 生活习性 茶尺蠖一年发生 5～6 代，以蛹在茶树根际附近土壤中越冬，翌年 2 月下旬至 3 月上旬开始羽化。成虫有趋光性，静止时四翅平展，停息在茶丛中。羽化当日即能交配，次日开始产卵。卵成堆产于茶树树皮缝隙和枯枝落叶等处。初孵幼虫十分活泼，善吐丝，有趋光、趋嫩性，分布在茶树表层叶缘与叶面，取食嫩叶成花斑，稍大后咬食叶片成 C 形。一个卵块可孵化数百头幼虫，1～2 龄时常集中为害，形成发虫中心。3 龄幼虫开始取食全叶，分散为害，分布部位也逐渐向下转移，并常躲于茶丛荫蔽处。4 龄后开始暴食，虫口密度大时可将嫩叶、老叶甚至嫩茎全部食尽。幼虫老熟后，爬至茶树根际附近入土化蛹。化蛹部位以距茶树基部 33 cm 范围内的表土中较多。幼虫历期以第一代最长，其次是第五、第六代，第二至第四代的历期均较短。各虫态历期为，卵期 6～10 d，幼虫期约 15 d，蛹期 7～13 d（越冬蛹 4 个月以上），成虫 3～7 d。第一代卵在 4 月上旬开始孵化，第二代孵化高峰期在 6 月上中旬，以后约每隔 1 个月发生 1 代。全年种群消长呈阶梯式上升，至第四或第五代形成全年的最高虫量。影响茶尺蠖种群消长的主导因子是天敌，目前已发现的天敌有寄生蜂、蜘蛛、真菌、病毒及鸟类等。其中以绒茧蜂、蜘蛛和真菌尤为重要。

3. 防治方法

（1）清园灭蛹。结合伏耕和冬耕施肥，将根际附近落叶和表土中虫蛹埋入土中。

（2）灯光诱杀。茶尺蠖成虫期可在田间安装频振式杀虫灯诱杀成虫，以减少下一代幼虫发生量。

（3）保护和利用天敌。一方面应尽量减少茶园化学农药使用次数和用量，以保护田间寄生性和捕食性天敌，充分发挥自然天敌的控制作用；另一方面，喷施茶尺蠖核型多角体病毒制剂，每亩用量为 10 亿～50 亿个多角体，该病毒对茶尺蠖幼虫有很强的感病率，全年以第一、第五、第六代致病率最高，施用时期掌握在 1、2 龄幼虫期。

（4）化学防治。使用农药防治要严格掌握防治指标，成龄投产茶园的防治指标为每亩幼虫量 4 500 头，施药适期掌握在 2～3 龄幼虫期。施药方式以低容量蓬面喷雾为宜。药剂可选用 2.5%溴氰菊酯乳油 10～20g/亩，或 0.6%苦参碱水剂 60～75 mL/亩。

三、茶毛虫的发生与防治

1. 为害特点　茶毛虫又称茶毒蛾，是茶树主要的食叶类害虫之一。茶毛虫以取食茶树成叶为主，影响茶树的生长和茶叶产量。茶毛虫除为害茶树外，还能为害山茶、油茶、梨、油桐等植物。此外，幼虫虫体上的毒毛及蜕壳触及人体皮肤后，能引起皮肤红肿、奇痒，对采茶、田间管理以及茶叶加工影响很大。

2. 生活习性　茶毛虫为完全变态昆虫，完成 1 个世代需要经过成虫、卵、幼虫和蛹 4 个阶段。茶毛虫一般全年发生 2～3 代，绝大多数以卵块在茶树中、下部叶背越冬。卵块产于茶树中、下部叶背，一般越冬卵块分布在向阳较温暖的茶园中，非越冬卵块以茶丛枝叶茂盛或比较荫蔽的茶园中为多。卵期以越冬卵最长，卵历期受气温高低影响，一般随气温升高卵期缩短，卵大多在早晨至中午孵化。幼虫群集性强，1、2 龄幼虫常百余头群集在茶树中、下部叶背，取食下表皮及叶肉，被害叶片呈现半透明网膜斑；3 龄幼虫常从叶缘开始取食，造成缺刻，并开始分群向茶行两侧迁移。6 龄起进入暴食期，可将茶丛叶片食尽，严重影响茶叶产量和品质。幼虫在茶树上具有明显的侧向分布习性。幼虫蜕皮前群迁到茶树下部未被危害的叶背，聚集在一起，头向内围成圆形或椭圆形虫群，不食不动，蜕皮后继续为害。幼虫老熟后爬到茶丛基部枝桠间、落叶下或土隙间结茧化蛹。茶毛虫一般发生较整齐，世代间无重叠现象。茶毛虫一年中的种群消长及危害，不同年份及季节差异较大，常表现为间歇性大发生或局部成灾。气候条件和天敌数量是影响茶毛虫种群消长的主要因素。在气候条件中，气温是最大的影响因素。天敌种群数量对茶毛虫有良好的控制作用，其中茶毛虫黑卵蜂、细菌性软化病及核型多角体病毒是主要的防治方法。

3. 防治方法

（1）摘除卵块和虫群。在当年末代茶毛虫发生严重的茶园中，可在 11 月至翌年 3 月间人工摘除越冬卵块；利用茶毛虫群集性强的特点在低龄幼虫期，结合田间操作随时摘除虫群。

（2）灯光诱杀。茶毛虫成虫有趋光性，在成虫羽化期安装杀虫灯诱蛾，可减轻田间危害。

（3）生物防治。减少田间使用化学农药的次数，促进田间天敌繁殖，发挥自然天敌的控制作用。使用茶毛虫核型多角体病毒制剂，使用浓度为 1 000 倍液。

（4）农药防治。应掌握在 3～4 龄幼虫期喷药，喷雾方式以侧位低容量喷洒为宜。药剂可选用 2.5％溴氰菊酯水乳剂每亩 30～40 mL，或 0.6％苦参碱水剂每亩 60～75 mL。

四、茶刺蛾的发生与防治

1. 为害特点 茶刺蛾是茶树刺蛾类的一种主要害虫，以幼虫取食成叶危害茶树，影响茶树的生长和茶叶产量。

2. 生活习性 茶刺蛾完成一个世代要经过成虫、卵、幼虫和蛹等 4 个阶段。茶刺蛾以老熟幼虫在茶树根际落叶和表土中结茧越冬。翌年茶芽萌动后化蛹，蛹大多在白天上午羽化。成虫羽化当天晚间即能交配、产卵，产卵期 2～3 d，主要栖息在茶丛下部叶片背面，有较强的趋光性。卵散产于茶树叶片反面叶缘处，以茶丛中、下部叶片的卵量居多。初孵幼虫活动性弱，一般停留在卵壳附近取食。1、2 龄幼虫取食茶树叶片下表皮及叶肉，残留上表皮，被害叶呈现嫩黄色、渐转枯焦状的半透明斑块。3 龄后取食叶片成缺口，并逐渐向茶丛中、上部转移，夜间及清晨爬至叶面活动。4 龄起可食尽全叶，一般食去叶片的 2/3 后，即转另叶取食。幼虫喜食成、老叶，当成、老叶被食尽后，则爬至蓬面取食嫩叶；当一丛茶树被蚕食尽后，逐渐向四周茶丛扩散。幼虫老熟时移到茶丛枯枝落叶或浅土间结茧化蛹。茶刺蛾为害轻重主要取决于上一代的蛾量，一般以第 2、3 代为害较重。气候条件及天敌因子对茶刺蛾种群的消长也有较大影响。在天敌因子中，茶刺蛾核型多角体病毒的制约作用最为明显，一般田间罹病率为 20%～30%，罹病率高的可达 70%以上。

3. 防治方法

（1）清园灭茧。在茶树越冬期，结合施肥和翻耕，将茶树根际的枯枝落叶清至行间，深埋入土，使其中的茧不能羽化，减轻翌年害虫的发生量。

（2）灯光诱杀。利用茶刺蛾成虫的趋光性，安装杀虫灯诱杀成虫。

（3）药剂防治。防治适期应掌握在 2、3 龄幼虫发生期，采用低容量侧位喷雾方法，将药液喷在茶树中下部叶背。农药选用 8 000IU 苏云金杆菌悬浮液 200～400 倍液、茶刺蛾病毒制剂 1 000 倍液、2.5%联苯菊酯水乳剂每亩 30～40 mL，或 0.5%苦参碱水剂每亩 60～75 mL 等。

五、茶丽纹象甲的发生与防治

1. 为害特点 茶丽纹象甲是夏茶期间的一种重要害虫，以成虫取食嫩叶为害茶树，影响茶叶的产量和品质。茶丽纹象甲一年发生1代，以幼虫在茶园土壤中越冬。翌年天气转暖时陆续化蛹，蛹多于上午羽化。初羽化出的成虫乳白色，在土中潜伏2～3 d，体色由乳白色变成黄绿色后才出土。茶丽纹象甲以成虫取食茶树嫩叶，被害叶呈现不规则的缺刻，大发生时严重影响茶叶产量和品质。成虫初见于5月中旬，6月上旬为成虫出土盛期，也是该虫为害的高峰期。成虫具假死习性，受惊后即坠落地面。成虫产卵盛期在6月下旬至7月上旬，卵分批散产在茶树根际附近的落叶或表土上。

2. 生活习性 幼虫孵化后在表土中活动取食茶树及杂草根系，幼虫入土深度随虫龄增大而加深，直至化蛹前再逐渐向上转移。茶丽纹象甲年度间的消长比较平稳，没有突发现象。茶丽纹象甲种群数量主要取决于虫口基数，茶园耕作、气候条件及天敌种群对茶丽纹象甲的发生也有一定影响。

3. 防治方法

（1）茶园耕作。根据茶丽纹象甲的生活习性，在7～8月间进行茶园耕锄、浅翻及秋末施基肥、深翻，可明显影响初孵幼虫的入土及此后幼虫的存活，防效可达50%左右，对虫量接近防治指标附近的茶园，通过这一措施，可免于翌年施药防治。

（2）人工捕杀。利用成虫的假死性，在成虫发生高峰期用振落法捕杀成虫，可减少发生量、减轻危害程度。

（3）生物防治。可喷施白僵菌孢子液防治茶丽纹象甲，每亩用量10 000亿孢子。

（4）化学防治。按投产茶园每亩虫量1万头以上的防治指标进行施药防治，施药适期掌握在成虫出土盛末期，采用低容量蓬面喷雾为宜。防治药剂可选用10%联苯菊酯水乳剂每亩20～25 mL。

六、黑刺粉虱的发生与防治

1. 为害特点 黑刺粉虱以幼虫刺吸茶树成叶和老叶汁液为害，同时分泌蜜露，招致多种病菌寄生，诱发煤污病，严重时茶树一片漆黑，阻碍茶树的光合作用，致使茶树发芽密度下降，芽叶瘦弱，茶树落叶严重，不仅影响茶叶产量和品质，而且严重影响茶树树势。

2. 生活习性 黑刺粉虱为刺吸式口器、完全变态昆虫，完成一个世代需要经过成虫、卵、幼虫和蛹等 4 个阶段。黑刺粉虱一年发生 4 代，以老熟幼虫在茶树叶背越冬，翌年 3 月化蛹，4 月上、中旬成虫羽化。成虫羽化时，在蛹壳背面头端裂开飞出，蛹壳仍留在叶背。成虫飞翔力弱，白天活动，喜栖息在茶树嫩芽叶上或嫩叶背，并吸取汁液补充营养。卵散产，常数粒至数十粒成簇产于叶背凹陷处，每雌虫平均产卵量为 20 余粒，产卵部位以茶树中、下部成、老叶背面居多。初孵幼虫能缓慢爬行，但很快就在卵壳附近固定为害，并在虫体四周分泌白色蜡质。幼虫老熟后即在原处化蛹。茶丛中虫口的分布以下部居多，上部较少。黑刺粉虱在一个年度内没有突发成灾的现象，主要随着虫口的逐渐积累为害加重。环境条件和天敌因子对黑刺粉虱的种群消长也起重要的作用，茶树郁蔽、阴湿的茶园一般发生较重，窝风向阳洼地茶园中的虫口密度往往较大；寄生菌和寄生蜂的联合种群作用，对黑刺粉虱有较好的控制作用。

3. 防治方法

（1）保护天敌。应尽量减少茶园化学农药的施用次数，以保护和促进天敌的繁殖，充分发挥田间天敌的自然调控作用。

（2）农业措施。修枝、整枝保持茶园良好的通风透光性，对于郁蔽、阴湿和窝风向阳洼地茶园黑刺粉虱的发生有较好的控制作用。

（3）生物防治。黑刺粉虱真菌对其幼虫有很强的致病性，可在田间喷施真菌制剂，防治适期宜掌握在 1、2 龄幼虫期。

（4）化学防治。防治适期原则上应掌握在卵孵化盛末期虫口密度过大时，也可考虑在成虫盛末期作为辅助施药时期。防治成虫以低容量蓬面喷雾为宜。幼虫期防治采用侧位喷洒，药液重点喷至茶树中、下部叶背。防治幼虫可选用 10%吡虫啉可湿性粉剂 3 000～4 000 倍液，20%啶虫脒可溶液剂每亩 5～7.5 mL；防治成虫可选用 40%辛硫磷乳油 1 000～2 000 倍液。

七、茶橙瘿螨的发生与防治

1. 为害特点 茶橙瘿螨以成螨和幼、若螨的针状口器刺吸茶树汁液为害，被害叶呈现黄绿色，叶片主脉发红，叶片失去光泽，为害严重时叶背出现褐色锈斑，芽叶萎缩、干枯，状似火烧，造成大量落叶，对茶叶产量、品质和树势均有严重影响。

2. 生活习性 茶橙瘿螨一年发生约 25 代，以卵、幼若螨及成螨在叶背越冬，越冬场所大多在成、老叶背面。茶橙瘿螨行孤雌生殖，卵散产于嫩叶背面，尤以侧脉凹陷处居多，每雌虫产卵量平均为 20 粒左右。发生期各虫态混杂，世代重叠现象严重。茶橙瘿螨在茶树上的分布以茶丛上部居多，占总量的 87.5%。叶片的正背面，以背面居多，幼、若螨 99%以上均栖息在叶片背面，成螨也有 85%栖居在背面。茶橙瘿螨一年中有 1～2 个虫口高峰，但多数年份只有 1 个高峰。一年有 2 个高峰的，第一虫口高峰发生在 5～6 月，第二虫口高峰从 8 月开始直至 11 月上旬，且第一高峰的绝对虫量高于第二高峰。一年发生 1 个虫口高峰的，一般出现在 8～10 月，以 9～10 月虫量最多。气候条件是影响茶橙瘿螨种群消长的主要因素，高温抑制其繁殖，暴雨常造成种群数量下降；雨量小、雨日多、时晴时雨，有利于其生长和繁殖。不同茶树品种，茶橙瘿螨的发生程度略有差异，一般茶树叶片下表皮角质化程度高、气孔密度小、茸毛密度大的茶树品种，螨量相对较少。

3. 防治方法

（1）分批及时采摘。由于茶橙瘿螨绝大部分分布在一芽二、三叶上，及时分批采摘可带走大量的成螨、卵、幼螨和若螨，是十分经济有效的防治措施。

（2）化学防治。茶橙瘿螨防治指标为平均每叶有螨 17～22 头，达到指标的茶园均应全面喷药防治。施药方式以低容量蓬面喷雾为宜。可选用的农药品种有 73%克螨特乳油 2 000 倍液。在秋茶结束后，喷施 0.5 波美度的石硫合剂，或者用 45%晶体石硫合剂 150 倍液防治。

八、茶跗线螨的发生与防治

1. 为害特点 茶跗线螨又称茶黄螨、侧多食跗线螨和茶半跗线螨等。以成螨和幼若螨栖息在茶树嫩叶背面刺吸汁液为害，茶树幼嫩芽叶被害后严重失绿，叶背和叶面均呈褐色，叶质硬化、变脆、增厚，萎缩，叶尖扭曲变形，嫩梢僵化，停止生长，影响茶叶产量和品质。

2. 生活习性 茶跗线螨一年发生20～30代，以雌成螨在茶芽鳞片内或叶柄等处越冬。茶跗线螨以两性繁殖为主，也能行孤雌繁殖，卵单产、散产于芽尖和嫩叶背部。从卵到成螨完成一个世代只需3～15 d。茶跗线螨趋嫩性很强，能随芽梢的生长不断向幼嫩部位转移，分布在芽下第一至三叶的螨数占总螨数的98%以上。留养不采茶的茶园和幼龄茶园发生较为严重。全年5月之前一般螨量较少，6月开始螨量迅速上升，7～8月达到全年的最高螨量，9月开始逐渐下降。

3. 防治方法

（1）分批及时采摘，由于茶跗线螨多数分布在一芽二、三叶上，及时分批采摘可带走大量的成螨、卵、幼螨和若螨，是十分经济且有效的防治措施。

（2）化学防治。施药方式以低容量蓬面喷雾为宜。可选用的农药品种有73%克螨特乳油2 000倍液。在秋茶结束后，可喷施0.5波美度的石硫合剂，或者用45%晶体石硫合剂150倍液防治。

九、茶黄蓟马的发生与防治

1. 为害特点 茶黄蓟马以1、2龄若虫和成虫在嫩叶上吸食汁液为害茶树，受害叶片背面主脉两侧有2条或多条纵向内凹的红褐色条痕，条痕相应的叶正面略凸起，严重时叶背呈现一片褐纹，芽梢出现萎缩，叶片向内纵卷，叶质僵硬变脆。

2. 生活习性 茶黄蓟马一年发生10～11代，一般以成虫在茶花中越冬。成虫活跃，受惊后能短距离飞迁，无趋光性，但对绿色、黄色的色板趋性强，阳光下多栖于叶背和芽缝内，阴天全天活动。卵产于芽和嫩叶叶背表皮下，单粒散产，每头雌成虫平均产卵约 50 粒。初孵若虫从叶肉内爬出后，在原产卵叶上活动，随若虫日龄及取食增加，其活动性加强。1～2 龄若虫大多栖息在嫩梢或嫩叶背。蛹在茶树上的分布，以土面及根颈处居多，其次是树干裂缝处。在茶树生长季节，茶黄蓟马 10 d 左右就可完成 1 代。每年下半年雨季过后，虫口逐渐增加，9～10 月为害最盛，一直可持续到 11 月。一般大叶种茶的虫口密度比小叶种大，留养不采茶及幼龄茶园的受害程度远较投产茶园大，荫蔽茶园发生较轻。

3. 防治方法

（1）分批及时采茶，可以带走在新稍上的卵和若虫，同时恶化茶黄蓟马的营养条件，效果比较明显。

（2）化学防治。采摘茶园百梢有虫 100 头以上，或有虫梢率在 40%以上的茶园都要全面喷药防治，施药方式可采用低容量蓬面喷雾，防治用药有 2.5%溴氰菊酯乳油每亩 10～20 g，10%吡虫啉可湿性粉剂 3 000～4 000 倍液，20%啶虫脒可溶液剂每亩 5～7.5 mL 等。

第二节　主要病害及防治

茶树病害很多，从危害茶树的不同器官来分，茶树病害可分为叶病、茎害、根害和花病。叶病是茶树病害的主要类群，如茶饼病、茶炭疽病、茶云纹叶枯病、轮斑病和煤污病等。地衣苔藓类是老茶园中发生普遍的茎部病害。茶树根部病害主要是茶红根腐病、茶紫纹羽病和茶苗根结线虫病等。

一、茶饼病的发病条件与防治

1. 危害症状　茶饼病是由真菌引起的一种茶树叶部病害。危害茶树嫩叶和新梢，叶片背面馒头状突起，严重时叶片呈不规则形卷曲，用病叶制成的成茶味苦易碎，对茶叶的产量和品质影响较大，是茶树重要的病害之一。

茶饼病的病原菌主要侵染茶树幼嫩多汁的嫩叶和嫩茎部，在嫩叶上先出现浅绿、浅黄或略带红色的圆形或椭圆形的小型透明斑，后病斑渐渐扩大，在周围形成一个黄绿色晕区和一个暗绿色带。叶片正面逐渐凹陷，较平滑并略有光泽，色泽较周围叶色浅。叶片背面突起，形成馒头状的疮斑，上覆有一层白色粉末和粉红色粉末，最后粉末消失，突起部分萎缩成淡褐色枯斑，边缘一圈灰白色，形似饼状，故称之为茶饼病。茶饼病发生严重时，一张叶片上可形成多达十几个病斑，造成叶片扭曲畸形。茎部的病斑略呈长形，包围茶茎，色泽与叶部的病斑相似，但不呈淡红色。茎部疮斑上的色泽略带灰色，病部以上的嫩梢因养分输送受阻而枯萎变黑，形成"回枯"症状，最后病茎弯曲，在病部折断。

2. 发病条件 茶饼病是一种低温高湿性病害，以菌丝体在病叶的活组织中越冬。当第二年环境条件适宜时，菌丝开始生长发育形成担孢子，担孢子靠气流传播，当它落在茶树嫩叶或嫩梢表面时，在叶片保持湿润连续 11 h 的条件下，仅 5～6 h 就侵入叶片组织。菌丝体在叶片细胞间蔓延，刺激组织使之膨大突起，形成新病斑，同时又在叶表面上长出子实层，在适宜条件下形成灰白色粉末的担孢子，担孢子成熟后继续飞散，不断进行再侵染。当月平均温度为 15～20℃，相对湿度为 85%以上，阴雨多湿的条件下，病害容易发生和流行。当气温为 31℃以上，并有连续 4 h 的光照，菌丝体和孢子由于高温光照致死，病菌的发生受到抑制。因此全年以春季（3～4 月）和秋季（9～10 月）发病较多。夏季病害停止发展，病菌在荫蔽的茶树叶片组织中越夏。高山、谷地以及过度遮阳的茶园，由于常年雾多露重、日照时间短、湿度大，容易发病。

3. 防治方法

（1）加强苗木检查。从病区调运苗木，必须严格检查，一旦发现病苗，应立即予以消除，防止病害随苗木传入新区。

（2）加强茶园管理。勤除杂草，砍除遮阳树，使茶园通风透光良好，创造不利于发病的生态条件；适当增施磷钾肥或复合肥，增强树势，减轻发病；分批多次采茶，尽量少留嫩叶在茶树上，以减少病源；选择适宜的修剪时间，使新梢抽生期避开发病的适宜季节。

（3）化学防治。防治适期应掌握在病害发生前期，以日照或降雨作为预测病害流行的主要因素。在茶饼病常发地区，连续 5 d 中，有 3 d 的平均日照数等于或少于 3 h，且日降水量在 2.5 mm 以上时，应立即喷药。可选用 3%多抗霉素可湿性粉剂 300 倍液防治。一般在发病期间需要喷药 2～3 次。在非采摘茶园可使用 0.2%～0.5%硫酸铜水剂喷雾，以保护茶树不受侵染。

二、茶白星病的发病条件与防治

1. 危害症状 茶白星病是由真菌引起的一种茶树病害，多分布在高山茶园，平地茶园发生较轻。茶白星病主要侵染茶树的嫩叶和新梢，形成大量的小型病斑，造成茶树百芽重减轻，对夹叶增多，病叶加工后的成茶味苦涩，对茶叶产量和品质均有明显影响。

茶白星病病原菌侵入茶树嫩叶，开始时病斑呈针头大的褐色小点，对光可见周围有黄色晕圈，以后逐渐扩大，呈小型圆形病斑，直径 0.5～2.0 mm。病斑边缘有暗紫褐色隆起线，染病部分与健康部分界线明显，中央呈灰褐色至灰白色。在潮湿条件下，病斑上散生细小黑色粒点，病斑背面灰黄色。在同一张病叶上可以有各种类型的病斑，往往许多病斑相互愈合成大型病斑，发生严重时可引起大量落叶。在叶片中脉上有病斑，常使叶片扭曲成畸形。叶柄和嫩茎罹病时，初生暗褐色病斑，后渐变为灰白色，嫩茎上着生的叶片常出现扭曲，染病部位以上的组织最终枯死。

2. 发病条件 茶白星病是低温高湿性病害，以菌丝体和分生孢子器在病组织中越冬，翌春气温 10℃以上，有水湿条件下，形成分生孢子，孢子在遇到新梢芽叶时，便可萌芽产生芽管从气孔侵入或从叶背茸毛的基部细胞侵入。叶面必须有 5 h 以上的湿润，病菌才能萌发侵入，因此在降中雨的情况下发生较重。病菌侵入 1～

3 d后可以出现小病斑。平均气温为16～24℃时发病最多，旬平均气温高于25℃易发病。发病与降雨次数关系密切，降雨次数多则发病重。全年从春茶萌芽开始发病，4～5月迅速发展，以5月为发病盛期，秋季次之，夏季最少。高山茶园高湿、多雾、气温偏低，适宜发病，在海拔200～900 m范围内，有海拔愈高发病愈重的趋势。

3. 防治方法

（1）在农业防治方面，及时分批多次采摘，可以减少侵染来源。增施有机肥和钾肥可使树势强壮，提高抗病性。

（2）化学防治。在发病严重的地区，应在春茶萌芽鱼叶初展期，或叶片发病率达6%时，进行第一次喷药，必要时在7～10 d后再喷药一次。防治药剂可选用80%代森锌可湿性粉剂500～700倍液。

三、茶苗根结线虫病的发病条件与防治

1. 危害症状 茶苗根结线虫病是茶树幼苗上的一种威胁性病害，主要为害一至二年生茶树实生苗或扦插苗，三年生以上的茶树幼苗表现抗病性，一般不发病。发病茶树幼苗地上部分黄化、生长矮小，地下部分主根和侧根上有瘤状物，小的形似小米粒，大的似黄豆，有时几个瘤状物相互愈合在一起形成不整齐的瘤状物。瘤的表面粗糙，黄褐色，病根畸形，常无须根。严重时一株茶树幼苗根系上有几十至上百个瘤状物，后期这些瘤状物腐烂，致使全株枯萎死亡。茶苗根结线虫病是由一种低等动物线虫引起的。用细针挑开病根上瘤状物的表皮可以看到雌成虫。雌成虫洋梨形，黄色，体内有无色透明的椭圆形卵。将洗净的病根小段，放入盛水培养皿1～2 d，可在培养皿内看到白色短线状物，这就是线虫的雄成虫或幼虫。

2. 发病条件 茶苗根结线虫以幼虫或成虫在茶树根系的瘤状物中越冬。翌年春天气温上升至10℃以上时开始活动，雌成虫产卵于胶质卵囊中，卵囊中的卵成熟后发育为1龄幼虫，1龄幼虫不

离开卵壳，直到2龄才用口针穿破卵壳爬出，2龄幼虫是根结线虫唯一具侵染力的龄期。2龄幼虫借助流水和农具等传播至幼嫩根尖，进行侵染，并从食道腺中分泌一种刺激物，引起植物导管细胞膨胀，使其周围的细胞加速分裂，形成巨型细胞。3～6个巨型细胞形成1个瘤状物，随着根的膨大形成明显的虫瘿。茶苗根结线虫的幼虫和雄成虫均可在土壤中自由活动。雌成虫则固定在虫瘿中为害茶树幼根。线虫可通过苗木进行远距离传播。在适宜的条件下完成一代需要25～30 d，土温高于40℃不利于线虫活动。线虫在沙性土壤中发生比黏土中重，而在干土中幼虫和卵易死亡。熟地茶园的发病常重于生荒地茶园。

3. 防治方法

（1）选择生荒地种茶。根结线虫是生活在土壤中的低等动物，它的发生、繁殖和活动都与土壤条件密切相关。根结线虫主要为害二年生以下的茶树幼苗，尤其是扦插苗，因此，种植地应选择前作不感染根结线虫的地块，最适宜在生荒地种植。此外，在种植茶树幼苗前或在苗圃中的行间种一些根部分泌物能杀死或抑制线虫生长的植物，如万寿菊、危地马拉草（摩擦草）等，可以降低土壤中的线虫种群数量。

（2）选用无病苗木，防止线虫的长距离传播。种茶用地应提前翻耕土壤，将线虫翻至表土层，在烈日暴晒下杀死部分线虫。

第三节　病虫害绿色防控

一、防治要求

绿色食品茶园病虫害防治应遵循“预防为主，综合治理”的植保方针。其基本要求是从茶园生态系统出发，综合运用各种防治措施，创造不利于病虫草等有害生物滋生和有利于各类天敌繁衍的环境条件，保持茶园生态系统的平衡和生物的多样性，将有害生物控制在允许的经济阈值以下，将茶叶中的农药残留降低到规定标准以下。

二、农业防治

农业防治是指通过各种栽培管理措施预防和控制茶树病虫草等有害生物的方法。农业防治是综合防治的基础，对茶树来说尤为重要。强调农业防治是绿色食品茶园病虫害防治的一个突出特点。以茶树栽培管理为基础的农业防治是一种温和的调节措施，具有预防和长期控制病虫害的作用。它主要通过改变有害生物的生存环境，创造不利于它们生存和繁衍的条件，从而降低有害生物的种群。绿色食品茶园可采用的农业防治措施主要包括选用抗性品种、合理耕作、茶树修剪、茶叶采摘、合理施肥和及时排灌等。

1. 选用抗性品种　换种改植或发展新茶园时，应选用对主要病虫害抗性较强的品种，搭配不同无性系品种，尽可能避免单一品种的大面积种植，造成某些茶树病虫害大发生。

2. 合理耕作　中耕除草可使土壤通风透气，促进茶树根系生长和土壤微生物的活动，同时还可破坏很多害虫的栖息场所。通过中耕，可使茶尺蠖、茶毛虫的蛹、茶丽纹象甲的幼虫和蛹等，暴露于土壤表面或被杀伤。秋末结合施基肥进行茶园深耕，可将在表土和落叶层中越冬的害虫，以及多种病原菌深埋入土，也可将深土层中越冬的害虫翻至土壤表面，因不良气候或遭遇天敌而死亡，减少来年种群密度。

3. 茶树修剪　适当修剪，不但可促进茶树生长，增强树势，还能防治病虫害。如采用轻修剪方式剪除病虫枝条，对钻蛀类害虫和枝干病害有较好的防治作用。郁蔽茶园疏枝，使茶丛通风加强，可抑制蚧类、粉虱类害虫。严重感染病虫的茶树，可进行台刈。修剪或台刈下来的带病虫的枝叶必须及时清理出园。

4. 茶叶采摘　及时、分批、多次采摘可以有效抑制假眼小绿叶蝉、茶蚜、茶橙瘿螨和茶白星病等为害芽叶的病虫。多次采摘可恶化这些嗜嫩性强的病虫的营养条件、破坏其繁殖场所，还能直接清除茶树芽叶上的病虫，如春季采摘对茶橙瘿螨的防除率可达50％～70％。

5. 合理施肥 正确施肥可增进茶树营养，提高抗逆性，施肥不当，则可能助长病虫害发生。如大量使用氮肥会增加茶叶螨类和茶炭疽病发生量。增施有机肥可减轻茶叶螨类的发生。在茶树施肥时，要根据茶树所需的养分进行平衡施肥或测土施肥，不要偏施氮肥，适当增施磷肥、钾肥，这样既能保证茶叶丰产，又可增强茶树抗病虫能力。

6. 及时排灌 地下水位高和地势低洼、靠近水源的茶园，要注意开沟排水。高温干旱季节及时喷灌，可抑制茶叶瘿螨和茶短须螨的发生。

三、物理防治

物理防治是指应用各种物理因子和机械设备来防治病虫草等有害生物的方法。主要是利用害虫的趋性、群集性和食性等生活习性，通过性信息素、光、色等诱杀或机械捕捉防治害虫。通常使用的有人工捕杀，灯光诱杀、性诱杀等方法。

1. 人工捕杀 体形较大、行动较迟缓、容易发现、容易捕捉或有群集、假死性的害虫，如茶毛虫、茶蚕、大蓑蛾、茶蓑蛾、茶丽纹象甲等，均可采用人工捕杀。茶毛虫、茶蚕的幼虫很集中，可将带虫枝条剪下投入1%的肥皂水中，集中杀灭。蓑蛾类的护囊、卷叶虫类的虫苞，可直接摘除。象甲类成虫具有假死性，可在树冠下铺上塑料薄膜，拍打茶丛将虫振落，然后集中销毁。在害虫发生规模不大而集中，或面积大而零星分散的时候组织人工捕杀，成效显著。

2. 灯光诱杀 利用害虫的趋光性，在茶园中装黑光灯或频振式杀虫灯，可夜间诱杀害虫成虫，减轻田间成虫发生量，减少下一代的发生。它既可用来直接诱杀害虫，也可作为害虫预测预报使用。新型的频振杀虫灯运用光、波、色、味4种诱杀方式，增强了躲避天敌习性，但对植食性害虫有极强诱杀力的光源、波长、波段，对天敌相对安全，对害虫诱杀量大、诱杀种类多。

3. 性信息素诱杀 用来诱杀和干扰昆虫正常行为的昆虫性信

息素已成为害虫管理的一种重要手段。方法：一是直接利用雌蛾对雄蛾的性引诱作用，将刚羽化的雌蛾用小木箱置于田间，并在其下方放置盛有少量洗衣粉的水盆，可诱集并消灭大批雄蛾，使田间雌蛾不能交尾，减少下一代的发生。二是采用田间悬挂含性引诱剂的诱芯，如茶毛虫性诱剂诱芯，可诱集并杀灭雄虫。

4. 食饵诱杀 利用害虫的趋化性，以饵料诱集害虫并将之杀灭。常用的有糖醋诱蛾法。方法是将糖、醋和黄酒按4.5∶4.5∶1的比例，放入锅中微火熬煮成糊状，一部分倒入盆钵底部，另一部分涂抹在盆钵的壁上，再将盆钵放在茶园中，诱集具有趋化性的卷叶蛾、地老虎等成虫，这些害虫飞入盆钵取食时会触及糖醋液被粘连而死。

5. 色板诱杀 利用害虫对黄色、绿色的趋性，田间设置有色粘胶板，可诱杀茶蚜、假眼小绿叶蝉等害虫，在一定程度上抑制这些害虫的种群。

四、生物防治

生物防治是指利用某些生物，一般指天敌，或生物的代谢产物来防治病虫草等有害生物的方法。生物防治的优点很多，如对人畜无毒、对其他有益生物安全，不污染环境，不产生农药残留、防效较持久、不易产生抗性等，在绿色食品茶园应积极提倡生物防治。但同时生物防治也有一些局限性，如防治效果受环境条件影响较大、见效缓慢、专化性强、某些菌种易退化等。因此，生物防治应与其他防治方法配合使用，以充分发挥其防治效果。

自然界存在着大量的害虫天敌。据报道，茶园中害虫天敌有800多种。其中常见的有3大类：病原微生物，如细菌、真菌和病毒等；捕食性天敌，如蜘蛛、捕食螨、瓢虫、草蛉等；寄生性昆虫，如寄生蜂和寄生蝇等。它们在自然界中广泛存在，对控制茶园病虫害，维持生态平衡发挥着重要的作用。

茶园生物防治主要通过保护和利用天敌实现。目前，有些天敌种类如白僵菌、苏云金杆菌、昆虫病毒等，能够人工大量繁殖，可将其生产加工成生物源农药，释放到田间控制病虫害；对尚不能工厂化生产的天敌种类，在茶叶生产上应注意保护，以充分发挥它们的生态调控作用。绿色食品茶园可采用的生物防治措施有：

1. 保护天敌　绿色食品茶园周围可种植杉、棕、苦楝等防护林和行道树，或采用茶林间作、茶果间作，幼龄茶园间种绿肥，夏、冬季在茶树行间铺草，给天敌创造良好的栖息、繁殖场所。在进行茶园耕作、修剪等人为干扰较大的农活时给天敌创造缓冲地带，减少天敌的损伤。修剪下来的茶树枝条，宜堆放在茶园附近，使茶园天敌寄生蜂等重回茶园。

2. 应用微生物制剂　茶园生态环境稳定，温湿度适宜，有利于病原微生物的繁殖和流行。常见的微生物制剂有病毒制剂、细菌制剂和真菌制剂等。目前在绿色食品茶园推广应用的品种有：苏云金杆菌，简称 Bt 制剂，用于防治多种鳞翅目害虫，如茶刺蛾、茶黑毒蛾等；白僵菌制剂，用于防治假眼小绿叶蝉、茶丽纹象甲等。

3. 释放捕食螨、寄生蜂等天敌动物　捕食螨、寄生蜂等天敌经室内人工大量饲养后释放到田间，可控制相应的害虫（螨）。捕食螨如德氏钝绥螨可防治茶跗线螨，胡瓜钝绥螨可防治茶橙瘿螨，寄生蜂如赤眼蜂可用于防治茶小卷叶蛾，绒茧蜂可用于防治茶尺蠖等。

4. 应用植物源杀虫剂　植物源杀虫剂是将具有杀虫活性的植物或植物提取物加工成可方便使用的制剂。目前绿色食品茶园常用的品种为鱼藤酮、苦参碱和印楝素等，主要用于防治多种鳞翅目害虫如茶黑毒蛾、茶毛虫等，兼治假眼小绿叶蝉。

五、绿色茶园的综合防治

绿色茶园的综合防治是指在充分考虑茶园环境条件和病虫害发生动态的情况下，因地因时制宜，有机协调运用各种防治方法，把病虫草的种群数量控制在造成经济损失水平之下的一种管理措施。

第一，在茶园生态系统中，“茶树-病虫草种群-天敌种群”通过食物链构成了一种相互依存、相互制约的关系，形成一种动态平衡。当这种相对平衡的关系受到外界因素干扰被破坏时，就会出现种群间的不平衡现象。如当天敌种群受气候、农药等因素的影响被抑制时，害虫种群往往迅速发展并爆发成灾。因此，要做到综合防治，应考虑从茶园整个生态系统出发，以维持病虫草与天敌种群之间的生态平衡为宗旨。

第二，在防治目标上，以“控制”而非“消灭”为目标。以不造成经济损失、将病虫草的数量控制在经济危害水平以下为目标。允许有少量病虫草存在，以提供天敌食料，从而有利于保持生态平衡。

第三，在防治措施方面，要以农业防治为基础，尽可能多地应用生物防治技术，合理采用化学防治、辅以物理防治，多种措施有机协调。同时，要注意各项措施与环境因素相协调，将各项防治措施对茶园生态系统的不利影响降到最低。绿色食品茶园应尽量减少化学农药使用，提倡使用生物农药；选择高效、低毒、低残留的农药品种，讲究农药的使用技术，将化学农药对天敌等的破坏降到最低限度。

此外，要做好综合防治，必须摸清茶园的关键病虫害及其天敌的发生规律，在此基础上，制定综合防治方案，并组织实施。关键病虫害对茶叶产量及品质影响大，不同年份、不同类型的茶园中关键病虫害不尽相同。因此要根据关键病虫害的发生情况制定防控对策。

第七章

茶园安全管理

生态茶园一方面是指茶树能在自然环境中生长，少受不良气象环境的破坏，产出质优量高的鲜叶原料；另一方面指生产的鲜叶原料对人体健康不会带来不利影响，这是对茶叶产品质量最基本的要求，必须严格管理。

第一节　茶园气象灾害与防护

茶树易受到寒冻、旱热、水湿、冰雹及强风等气象灾害，轻则影响茶树生长，重则使茶树死亡。因此，了解被害状况，分析受害原因，提出防御措施，进行灾后补救，降低损失，是茶树栽培不可忽视的重要问题。

一、茶树寒、冻害

茶树冻害一直制约着北方茶叶生产的健康发展，致使茶叶生产高产容易稳产难。临沂曾在 1976—1977 年，遇到了罕见的大冻害，日照莒县最低气温达−19.8℃，最深冻土层 37 cm，至使全区茶园 95％受冻。如茶树遭受轻微冻害只是秋梢受冻，对来年产量影响不大，但严重冻害不仅会造成当年春茶减产减值，甚至绝收，更严重的还会影响到以后 1～2 年的生产效益。因此，必须重视茶树冻害的发生，加强茶树安全越冬防护。

（一）冻害发生的类型与相关因子

经过多年对茶园越冬情况的调查、分析，我们发现茶树冻害轻的年份多为一种冻害危害茶树，大冻之年多为几种冻害因子共同作用。发生的冻害类型（表 7-1）和相关因子（表 7-2）如下所示。

表 7-1　茶树冻害类型及特点

发生时期	冻害类型	特　点	举　例
越冬期冻害	干冻	在强大寒潮侵袭下，温度急剧下降，伴之刮干冷西北风，树冠枝叶受冻失水，叶片多呈“青枯状”卷缩，而后脱落，枝条干枯	沂蒙茶区的主要冻害，2007—2008 年发生的冻害即为干冻
	冰冻	茶树在越冬期，若遭遇雪后连日阴雨结冰天气，气温低于−5℃，茶树叶细胞开始结冰，若再加上空气冷燥和土壤结冰，土壤中水分的移动和上升受阻，叶片由于失水过多出现寒害，受寒叶呈赤枯状。茶苗则因土壤结冰或冻裂，将苗抬起，细根被拉断而干枯死亡	如 2010 年 2 月 11 日，临沂普降大雪，局部暴雪，平均降水量 7.7 mm。2 月 12～13 日出现积雪，且气温较低，日最低气温在−7.1℃。其中 13 日最低气温达到−12.3℃
	雪冻	下雪后，在融雪时吸收了茶树和土壤中的热量，再遇低温时，地表和叶面都可结成冻壳，出现“覆盖→融化→结冰→解冰→再结冰”的现象，这种骤冷骤热，一冻一化，使茶树部分细胞遭到破坏，造成冻害。受冻多出现在树冠上部和向阳面	如 1986 年 12 月 27 日至 1987 年 1 月 16 日连续出现积雪，其中 1987 年 1 月 2 日最大积雪量达 23 cm，雪反复日融夜结，使茶树部分细胞遭到破坏，致使茶树受冻较重
萌芽期冻害	早霜冻和晚霜冻	早霜冻：又称秋霜冻，多发生在秋末。当气温降至 0℃时，芽叶最先受害，受冻后的叶片变黄或变红，弯曲变形，影响茶树的光合作用及营养物质的吸收，生长受阻、抗寒性减弱，导致损失 晚霜冻：又称“倒春寒”，对名优茶影响最大，多出现在 4 月，此时大地回春，	生产名优茶的茶区常遭受晚霜冻危害，莒南县 2002 年 4 月下旬受强冷空气侵袭，气温骤降，最低气温 0.6℃、平均气温 5.3℃，分别比往年同期下降 6.2℃和 9.2℃，造成严

（续）

发生时期	冻害类型	特 点	举 例
萌芽期冻害	早霜冻和晚霜冻	茶芽开始萌发，有的早生品种已开始采摘，若遭晚霜危害，轻则造成芽叶叶尖变红，重则大面积芽叶焦枯	重低温严寒和霜冻，全县春茶产量减产近60%，严重影响名优茶的产量和质量

从生物学方面讲，水是任何生物的载体，植物体内大约70%的重量都是水。茶树之所以受到冻害，与茶树体内的水分有很大关系，茶树受冻都是由于低温引起的细胞中水分结冰。当温度降到零度以下时，茶树细胞液开始结冰，此时如果继续降温，细胞自由水也随着结冰，细胞收缩，细胞水向细胞间隙渗透，细胞液浓度增大，导致原生质脱水、凝固而失去活力，从而造成受冻。当温度降到很低时，细胞内原生质结冰，原生质受到破坏，受冻死亡。茶树冻害取决于茶树自身因素、环境条件和人为因素。茶树品种是冻害的根本原因，气象是茶树冻害的关键因子，环境条件是茶树冻害的重要因子，树龄树势是茶树冻害的主要因子，而种植管理、防护措施是减轻茶树冻害的有效手段。

表7-2　冻害发生的相关因子

冻害相关因子	相关性
气象条件	冬季低温特别是持续低温是产生茶树冻害的主要原因，越冬期极端最低气温越低，茶树冻害就越严重，干旱和大风可加深冻害的发生程度，早春气候回升后，如出现急剧降温的“倒春寒”，茶芽也极易产生冻害，对名优茶的产量、质量影响最大。一般最低气温在－10℃左右，冬季持续低温在－2℃左右，就足以引起茶树冻害 分析：如2007—2008年茶树普遍遭受冻害的原因：一是冬季前期气温偏高，二是冬季后期降温剧烈，三是连续低温天数多，四是降水不均匀。2007年临沂降水量达825.9 mm，属雨水充沛年份，但是在茶树越冬的关键时期10月和11月，平均降水量比常年少76%

（续）

冻害相关因子	相关性
地理条件	种植在高纬度、高海拔地区的茶树容易受冻。高山茶园比丘陵、平地茶园易受冻；山地茶园的冷空气通道和低凹处，或有“回头风”侵袭的茶树受冻较重。坡向东北、西北或北向的茶园，容易受到寒流的袭击，容易受冻，而南坡、背风向阳的茶园不易受冻。避风向阳的山坡气温较高，开辟新茶园最有利
品种、树龄	不同茶树品种抗旱能力不同。云南大叶茶，通常在－2℃低温时，就会受冻；一般中小叶种茶树的抗寒能力比大叶种茶树强，但在－5℃左右也会受冻；茶树年龄不同，抗寒能力也不同，成年茶树抗寒能力较强，不易受冻，幼龄茶树容易受冻；当地品种茶树比从南方引进的品种抗寒力强；实生种茶树比无性系茶树抗寒力强。同时茶树一般随树龄增加，抗寒能力有相应增强的趋势，但是到衰老期时茶树抗冻能力又降低 不同的茶树品种，叶片颜色、大小、茸毛、叶片结构均与抗寒性有密切关系，其中叶片栅栏组织厚度、下表皮组织厚度、海绵组织厚度与抗寒性成正相关
种植管理	种植模式、肥水、采摘、修剪、病虫害等管理措施得当可以增强茶树抗寒能力。土壤肥沃、管理水平较高的茶园，茶树生长健壮，抗寒能力较强；土壤瘠薄、管理粗放的茶园，茶树生长瘦弱，容易受冻；秋季过度采摘和冬季不采取防护措施的茶园，容易受冻

寒害是指茶树在生育期间遇到反常低温而遭受的灾害，温度一般在0℃以上。如春季的寒潮、秋季的寒露风等，往往使茶萌芽期推迟，生长缓慢。冻害是指低空温度或土壤温度短时降至0℃以下，使茶树遭受伤害。茶树受冻害后，往往产量下降，成叶边缘变褐，叶片呈紫褐色，嫩叶出现“麻点”“麻头”。这种鲜叶制得的成茶滋味、香气均受影响。

常见的茶园寒、冻害有雪冻害、冰冻害、干冷风冻害及霜冻害4种。

1. 雪冻害 对留养长梢的树形或乔木型茶树，当积雪过厚，易使部分枝条折断受损；在融雪过程中若再遇低温会使树体和土壤结冰，形成雪冻害，受冻严重时，枝叶枯焦。

2. 冰冻害 低温使茶树枝叶和土壤遇冻雨，导致部分根系与枝稍芽叶细胞坏死，枝枯焦。茶树在越冬期，如果遭遇连日阴雨结冰天气，当气温低于－5℃时，叶片细胞开始结冰，若再加上空气干燥和土壤结冰，土壤中的水分移动和上升受阻，叶片因蒸腾失水过多而受害，受寒叶呈赤枯状。

3. 干冷风冻害 当干冷风吹袭，树冠枝叶受冻失水，芽叶红焦，严重时生产枝、骨干枝枯死。在强大寒潮袭击下，温度急剧下降，同时还伴随着干冷的西北风，叶片被吹落，茶树体内蒸发过速，叶片多呈青枯状卷缩，而后脱落，枝条干枯开裂。

4. 霜冻害 霜冻主要是茶树萌芽期产生的冻害，可分为早霜冻和晚霜冻。早霜冻多发生在秋末，晚霜冻多出现在 3～4 月。对名优茶影响最大的是晚霜冻，也就是常说的“倒春寒”，轻则芽叶叶尖变红焦状，重则成片芽叶焦枯，严重影响名优茶的产量和质量。

（二）茶树冻害过程及等级划分

茶树不同器官的抗寒能力不同，就叶、茎、根各器官而言，抗寒能力依次递增。受冻过程往往表现为顶部枝叶（生理活动活跃的部位）首先受害，幼叶受冻是自叶尖叶缘开始蔓延至中部。成叶失去光泽、卷缩、焦枯，一碰就掉，一捻就碎，雨天吸水后叶片伸展，呈肿胀状。慢慢发展到茎部后，枝梢干枯，幼苗主干基部树皮开裂，只有在极度严寒的情况下，根部才受害枯死。冻害程度按冻害症状的轻重可分为五级（表 7-3）：

一级：树冠枝梢或叶片尖端、边缘受冻后变为黄褐色或紫红色，略有损伤，受害植株数量为 5%以下。

二级：树冠枝梢大部分遭受冻伤，成叶受冻失去光泽变为赭色，顶芽和上部腋芽转暗褐色，受害植株占 5%～25%。

三级：秋梢受冻变色，出现干枯现象，部分叶片呈水渍状，枯绿无光，晴雨交加，落叶凋零，枝梢逐渐向下枯死，受害植株占26%～50%。

四级：茎干基部自下而上出现纵裂，随后裂缝加深、伸长，形成裂口，使皮层、韧皮部因失水而收缩与木质部分离，之后裂口发黑霉烂。当年新梢全部受冻，枝梢失水而干枯，受害植株占51%～75%。

五级：骨干枝及树皮冻裂受伤，树液流出，叶片全部枯萎、凋落，植株枯死，根系变黑，茎干裂皮腐烂，受害植株达76%以上。

表 7-3　冻害的害情分级标准

害情分级	受害程度	轻重等级
一级	受害植株为5%以下	1
二级	受害植株为5%～25%	2
三级	受害植株为26%～50%	3
四级	受害植株为51%～75%	4
五级	受害植株为76%～100%	5

（三）茶树冻害的防护

茶树冻害对茶叶的产量、品质有很大影响，因此，根据不同茶园实际情况，采用合理的防护技术，降低茶树因受冻害影响所造成的损失。加强茶树越冬防护是确保茶树安全越冬和丰产丰收的基础。相关综合防冻防护技术指标见表7-4。

表 7-4　综合防冻防护管理技术

项目	相关技术指标
选择背风向阳的半山坡种茶	山东茶区种茶经验表明，茶园以设置在背风向阳、朝南的山坡上最好，且要求土层深厚，土壤呈酸性，有水浇条件

（续）

项目	相关技术指标
培土越冬	对1年生茶树进行培土越冬，既省工省料，又安全可靠。首先于10月下旬对茶树进行修剪，茶苗留高17～20 cm，然后于“小雪”至“大雪”期间培土。第一次培至苗高的1/2，第二次只留顶部的1～2片叶子，以免枝叶郁闷霉烂。培土时干土和沙土宜多培，湿土和黏土宜少培，培土要细、潮湿，严禁在茶树根际附近取土，避免因伤根加重茶树冻害，湿土和黏土宜少培。春季退土时分两次进行，注意观察及时退土，“春分”前后退土至苗高的1/2，“清明”前将培土退完。将退的土摊放在茶行间，使茶树根际处地面略低于行间
浇好“三水”	茶树冻害还与干旱程度有关。根据茶园水分情况，适时浇好“三水”，“一水”需在“白露”施完越冬肥后浇透水，松好土，为茶树根系生长与养分积累创造条件；“二水”在遇到干旱时浇，可控制茶树新的芽叶生长，促进根系生长；“三水”要在“立冬”前后浇，浇足浇透，再划锄保墒增温
套种绿肥	秋季在茶园行间套种越冬绿肥，覆盖地面，可提高土壤温度，减轻冻害，春天这些绿肥又可以用作肥料。适宜套种的绿肥有豌豆、苕子、苜蓿、鼠茅草等
建立防护林	影响茶树冻害的不良气象因子主要是严寒和风。在茶园的北、东北或西北方的迎风口处，建立防护林能降低区域内风速，减轻寒风侵袭，调节茶园温度，提高茶园湿度，减少水分蒸发量，可有效抵御寒潮袭击
茶园铺草（膜）	茶园行间铺草，既可抗旱，又可防冻。铺草茶园冬季可提高地温，减轻冻土程度和深度，保持土壤水分。实验结果表明，冬季茶园行间覆草，可提高地温1.4℃，冻土层厚度可减少15 cm左右，土壤含水量提高5.7%。覆草时间以“立冬”前后为宜，封冻后覆草有时会起到相反作用。松土后覆草，覆草厚度以10～15 cm为宜。也可覆盖黑色地膜
蓬面盖草（遮阳网）	茶树蓬面盖草（遮阳网）后，既可防止霜冻和寒风侵袭，减少水分蒸发，又缩小了蓬间的昼夜温差。盖草宜在“小雪”前后进行，要盖而不严，使蓬面受直射光照的叶片占30%～40%。物料可选择鲜松枝、稻草等，也可使用透光率为40%的黑色遮阳网

（续）

项目	相关技术指标
搭挡风障	物料以用稻草打成的苫子最好，可连续使用 2～3 年，也可利用塑料薄膜搭挡风障。挡风障宜在“小雪”前后进行，苫子和薄膜靠立在每行茶树的北面，倾斜度 60°，基部用土培实，苫子要高出蓬面 10 cm 左右，达到前透光、后护身。同时应在茶园北面和西面风口处搭建挡风障
搭拱棚	搭扣小拱棚是 1～2 龄茶树最理想的越冬防护方法。树蓬高度 30 cm 左右。在封冻前用竹条、棉槐条等做成弓形插入茶行两侧，用细绳固定每个弓条后再覆上薄膜。薄膜离茶蓬的距离不要少于 15 cm，以提高棚内温度，同时要用土压紧薄膜两边，以防风刮。 3～4 龄茶园采用中拱棚，一般 2～4 行茶搭建一个拱棚，高度 1.3 m 左右，人能在棚内弯腰作业。 采用春暖式大棚的茶园，主要用竹竿、立柱、薄膜等材料。建棚跨度为 8～10 m，长度 30 m 左右。将竹竿折成弓形，间距 1.5 m 左右，均匀地固定在两侧的立柱上。根据竹竿承受能力，适当竖立几根立柱，用以支撑整个大棚，以不被风吹坏为原则，薄膜用绳或竹竿等压紧。 冬暖式大棚采取东西走向，长度不低于 30 m，跨度 9 m 左右。东、西、北三面建墙，厚度 80 cm 以上，墙内填充碎草或炉渣。北墙高 1.8～2.0 m，东西墙南低北高。离北墙 1.5 m 左右设立柱，高度 2.8 m 左右。棚内立柱南北 4 排，柱间距 1.5～2.0 m，顶部用竹竿或檀条连成纵横交错的支架，上盖无滴膜，薄膜上再用铁丝或竹竿等物压住，并加盖草毡。 扣棚时间要掌握在“小雪”前后，防止幼树早期受冻。早春要注意调节好拱棚内的温度，防止茶树过早发芽遭受寒害
熏烟、喷水、覆盖蓬面	熏烟驱霜，作用是在茶园空间形成烟雾，防止热量的辐射扩散，利用“温室效应”预防晚霜冻，效果明显。方法是在晚霜来临之前，根据风向、地势、面积设堆，气温降至 2℃左右时点火，既防晚霜冻又积肥，一举两得。 喷水洗霜，有水源及喷灌设备的茶园，可利用这些设备，在晚霜

（续）

项目	相关技术指标
熏烟、喷水、覆盖蓬面	危害时喷水，把附着在茶树芽叶上的霜洗去。 覆盖防霜，在低温寒潮来临之前，用稻草、草帘、遮阳网等覆盖蓬面，保护茶树，抵御霜冻

研究证明，拱棚越冬是茶树最安全的越冬模式。除拱棚越冬外，成龄茶园采用“穿棉鞋，披风衣，戴草帽”的防护模式，即行间北面搭风障＋蓬面撒草＋茶行铺草（膜），是一种较为理想的方法。

（四）受冻茶园补救措施

茶园如果出现冻害，要及时采取补救措施，降低损失。

1. 及时修剪 原则上将受冻害部分剪去即可，修剪要露出枝条的新鲜口。修剪时间在早春气温稳定回升后进行。对受冻害较轻和有良好采摘面的茶园，采用轻修剪以尽量保持采摘面；对受冻害较重的茶园可以在春茶生产后进行深修剪或重修剪乃至台刈。

2. 合理施肥 土壤解冻后，进行早春浅耕施肥。除追施氮肥外，可施用一些磷、钾肥，以增强枝条生长能力，促进夏茶生产。如冻害较重，根部施肥效果不明显，可在新发芽枝上的叶片成熟后，进行根外追肥。对台刈或重修剪的茶园要及时重施有机肥，促进茶树尽快恢复树势。

（五）新建茶园冻害的防御措施

1. 引种和选育抗寒茶树品种 提高茶树自身抗御低温的能力是防止茶树冻害的根本途径。在新建茶园时，要详细了解不同品种的抗寒能力，尤其在高纬度、高海拔地区引种茶树，必须注意定向引种。同时还应重视选育当地良种茶苗扩种建园。

2. 建立抗寒的茶园种植模式 在容易受冻的茶树种植区，应建立抗寒防冻的茶园种植模式，形成茶园小气候，有利茶树健壮生长，提高防冻能力。

（1）选择有利地形种茶。发展新茶园时首选避风向阳的坡地等有利地形开垦种植；在寒潮侵袭的迎风口应设置防风屏障，营造防护林带。

（2）采用“深沟浅种”种植法。新茶园种植选用抗性强的壮苗，施足底肥，采用“深沟浅种”法种植，越冬时逐步培土、铺草保苗；开春气温回升后再逐步回土整平。

（3）建立复合生态茶园。坡地种茶应修筑水平梯田，在茶园主要道路、沟渠旁种树绿化；平地、缓坡地种茶应建立“园周种树，果茶间作”的复合生态茶园，营造保湿保温的茶园小气候。

（4）培育“适密适矮”茶园。提倡合理密植，培育成的“适密、适矮”茶园抗寒防冻效果显著。

3. 设立防风林带 在新建茶园时，有意识地保留部分原有林木，主干道和支干道两旁绿化植树，增设防护林带，可以有效防御冻害，是茶园永久性的防护设施。

二、茶树旱害

茶树旱害是指在长期无雨或少雨气候条件下，茶树体内水分亏缺、生理代谢失调，造成茶叶减产、生长受阻或植株死亡的气象灾害。其直接原因是降水偏少，土壤含水量不能满足茶树正常生理代谢而使茶树受害。茶区旱害往往是温度高、蒸发量大、光照强、天然降水少造成的。

一般沂蒙茶区的7～8月，茶园容易发生旱害。茶园一旦出现旱情，由于茶树芽叶吸水能力强于老叶，旱害的枯萎症状首先从老叶开始出现，逐渐向幼嫩部位延展。严重时，茶树叶片全部凋落，甚至枯死。

（一）茶树旱害的发生原因

与其他作物相比，茶树对水分的需求较多，所以在长期无雨或少雨的情况下，容易产生旱害。再加上沂蒙茶区季节分明，春暖、夏热、秋燥、冬寒，太阳辐射能和降水量周年分布不均，每年6～9月常常高温少雨、日照强烈，会先后出现或大或小的伏旱和秋旱。

1. 大气和土壤干旱的影响 大气干旱和土壤干旱是茶树旱害的直接原因。由土壤缺水引起的干旱称为土壤干旱；高温少雨季节，由于空气湿度低，即使土壤不缺水，茶树也会产生明显的旱害症状，即大气干旱。大气干旱加速水分蒸发与蒸腾，一方面导致茶树生理缺水，一方面引起或加重土壤干旱。茶树出现旱害，往往是大气干旱和土壤干旱共同作用的结果。大气干旱时，茶园土壤不一定缺水，但大气干旱能加速土壤水分蒸发和茶树水分蒸腾，使土壤水分迅速减少。持续的大气干旱，必然出现土壤干旱；而土壤干旱，又进一步导致大气湿度降低。

2. 不同茶树品种的影响 不同茶树品种抗旱能力不同，这主要与植株本身的生长特性有关。此外，还与茶树植株的形态特征有关，据调查，叶大柄长、叶脉稀疏、叶肉肥厚、质地柔软的品种，受害率较高；而角质层厚、叶小柄短、叶脉较密，栅栏组织较厚的品种，受害率较低。

3. 不同茶树树龄的影响 茶树随着树龄的增大，抗旱能力随之增强。茶树叶片对旱害的抵抗能力随着叶龄的增大而递增。原因是根系逐年深扎，利用土壤深层水分的能力较强。一般一至二年生的茶树根系主要分布在15～30 cm深的土层内，而成年茶树的根系主要分布在30～60 cm深的土层内，主根分布的深度可达1 m以上。因此，一至二年生的茶树最易受旱，成年茶树抗旱能力较强，进入衰老期后，抗旱能力又逐渐降低。在实际生产中，采用台刈或重修剪改造的茶树，当年抽发新枝后，如遇较强的干旱天气，茶树也易受害，这是因为当年抽发的新枝，其茎叶娇嫩，抗旱能力不如成年期强。

4. 不同立地条件的影响 一般阳坡茶园比阴坡茶园受旱害程度重；土壤过黏或沙性过重的茶园比质地疏松、结构良好的茶园受害重；洼地比平地受害程度重；土壤肥力与有效持水力较高的茶园受害轻；生态条件优越的茶园，受旱害程度较轻。

5. 茶树栽培技术的影响 合理的栽培技术可以提高茶树对旱害的抵抗能力，缓和干旱对茶树的危害程度。

（1）种植方式。据调查，条栽茶树比丛栽茶树的植株和叶片受害率分别增加 20%和 10%左右。多条栽茶树比单条栽或双条栽茶树受害严重，原因是前者茶树的根系生长受到一定程度的影响，蒸腾面积相对较大，行间较小，太阳辐射热不易散发。此外，有性系比同类无性系种植的抗旱性强，同一品种同一生育年龄的幼年茶树，直播茶树比扦插茶树抗旱能力强。

（2）采摘程度。分批合理采摘是茶树高产优质、增强茶树长势的技术措施之一，“一扫光”的强采茶园，不仅产量低、品质差，而且由于树势受到摧残，在出现旱情时，受害率要比分批合理采摘的茶园高 40%以上。

（3）施肥条件。长期不施肥或单一施用化肥的茶园，由于土壤理化性状差，会使茶树根系发育不良，树势衰弱，易遭受旱害。化肥施用过多、有机肥施用少的茶园，土壤缺乏有机质，易板结或缺磷，也会使茶树根系发育不良，易受旱害。

此外，耕作时期不当，耕作技术不善，也会加重旱害的程度。如伏耕时期过迟或出现旱情后再进行耕作，可引起土壤水分的急剧蒸发而加重旱害的发生。伏耕时，要掌握茶行中部深、靠近茶树根颈处浅的原则，这对一至二年生茶树尤为重要，否则会使旱害加重。

（二）茶树旱害的症状

茶树受高温干旱侵袭持续 7 d 左右，土壤水分迅速减少，茶树出现旱害症状。茶树旱害症状始于冠面叶片，受害叶出现赤红色焦斑，界线分明，但发生部位不一。茶树旱害的发生顺序是：先叶肉后叶脉，先成叶后老叶，先叶片后茶芽，先地上部分后地下部分。随着部分叶肉红变与支脉枯焦，继而逐渐由内向外扩展，由叶尖向叶柄延伸，主脉受害，整叶枯焦，叶片自行脱落。与此同时，枝条下部成熟较早的叶片出现焦斑焦叶，顶芽、嫩梢亦相继受害。随着高温、旱情的持续，植株受害程度不断加重、扩大。综上，茶树旱害的发生症状可归纳为两点：一是叶片焦斑界限分明，部位不一；二是受害过程为先叶肉后叶脉，先嫩叶后老叶，先叶片后顶芽、嫩茎，先上部后下部。

（三）茶树旱害的防护

茶树旱害的防护，除建园时选用抗旱能力较强的茶树品种外，主要从调控外界环境条件，合理运用栽培技术着手，密切注意旱情的发生发展，遵循“旱前重防，旱期重抗，旱后重护”的原则，各种措施相互配合才会取得理想效果。

1. 茶树旱害的防治

（1）选育抗旱性较强的茶树品种。茶树抗旱能力的强弱，取决于茶树品种。扎根浅的无性系茶树品种对干旱较敏感，而扎根深的品种则比较耐旱，且无性系茶树的抗旱能力随根入土深度的增大而增加。因此，在容易遭受旱害的茶区，应选用抗旱性强的品种。

（2）植树造林，创造良好的生态环境。优良的生态环境对茶树高产优质发挥的作用十分显著。像我国杭州西湖的龙井茶产地、福建武夷岩茶产地、湖南君山银针茶产地，均具有“山清水秀，茶绿林茂”的优良生态环境条件，这些地区年平均相对湿度均为80%，是我国的名茶产地，受旱害影响较小。因此，在发展新茶园或综合改造旧茶园时，要考虑恰当的林茶比例，创造良好的生态环境。

（3）合理密植。合理密植能有效利用土地，促进茶树个体对土壤养分、光能的合理利用。双行排列的密植茶园群体结构合理，能迅速形成覆盖度较大的篷面，从而减少了土壤水分蒸发。同时茶树每年有大量的枯枝落叶归还土壤表层，对土壤有机质的积累、土壤结构改良、水分保持均有良好作用。但是，若种植密度过高，则茶树蒸腾作用旺盛，耗水量大，土壤水湿条件不能满足茶树生长的需要，表现为易遭旱害。因此，提高茶树抗旱能力可以考虑茶园合理密植。

（4）兴建水利配套设施。这是茶区永久性的基础建设。山区茶园大都建造水库、塘堰的条件较好，再配建部分沟渠，就形成了茶园排灌系统，出现旱情时，即可进行灌溉，抗御旱害的发生。

（5）地面覆盖，减少蒸发。地面覆盖主要有地膜覆盖和茶园铺草两种。地膜覆盖的作用要优于铺草，但成本较高，应用尚不普遍。为防止和减轻旱害对茶树的危害，应在旱情发生前进行铺草或覆盖地膜，否则会影响效果。如防止伏旱，宜在 6 月底 7 月初覆盖；易出现冬旱的地区，宜在茶园封园后立即进行，效果较好。此外，铺草应有一定的厚度，一般不少于 10 cm，地膜覆盖应布满行间。在 1 龄茶园铺草时，要防止“蒙头盖”，否则在高温下茶苗会产生黄萎现象，不利于茶苗生长。此外，覆盖还可以防止土壤冲刷，减少杂草生长，稳定地温，增加土壤有机质等。

（6）遮阳，防止阳光直射。遮阳保苗，对当年播种出土的幼苗和移栽苗效果比较理想，可防止阳光直射，降低热辐射，减少茶树蒸腾和土壤水分蒸发，从而起到抗旱保苗作用。遮阳材料可就地取材，选用麦秆、松枝、小树枝等，在旱季来临前，插在距离茶苗 10～15 cm 的西南方，这样在每天 10～15 时的高温期，可起到保护茶苗的作用。据调查，采用遮阳的茶苗，旱季茶苗受旱率比不遮阳的降低 20%～40%。

（7）加强管理，提高茶树抗旱能力。首先，通过灌溉、覆盖和遮阳等抗旱措施提高茶树抗旱能力，力争茶树幼苗达到早、壮、齐的要求，大大提高茶苗的抗旱能力。从旱害调查中可以发现，受害较重的茶苗，往往是出土较迟或旱情来临后正在破土生长的幼苗。据此，可采用秋播或春播前浸种催芽后再进行播种，可提前出苗 15～20 d。其次，中耕除草，可减少杂草争夺水分，中耕深度不宜超过 10 cm，并在旱情出现前进行。除草可常年进行，总的原则是避免茶园发生草荒。再次，增施液肥，不仅能补给养分，同时也增加了水分。

（8）喷施维生素 C 及其他制剂。相关试验表明，用适当浓度的维生素 C 对茶树叶面喷施，可以提高茶树的抗旱性。通过抗蒸腾剂的使用，可以改善幼龄和成龄茶树的水分状况，提高植株水势。近几年，一种新型生物制剂——壳聚糖，在作物上的使用，不仅可以调节植物的生长发育，还可以诱导植物产生抗性物质，提高植物的抗逆性，具有广阔的应用前景。

2. 旱害的补救 已经遭受旱害的茶树，应积极采取补救措施。

首先，灌溉抗旱是最直接有效的措施，建立灌溉系统是设施栽培中的最重要技术，可根据当地条件采用喷灌、自流灌溉和滴灌等方法灌溉。其中以喷灌效果较好。其次，加强茶园栽培管理。视受害程度轻重，对焦叶枯枝进行不同程度地修剪；加强肥培管理，及时施用速效性氮肥和钾肥，使受害茶树迅速恢复生机，促进新梢萌发，培育秋梢；根据当年受害程度，采取留叶采摘或提早封园的办法，恢复树势；秋季结合深耕，增施基肥，增强茶树抗旱能力等。受害严重的幼年茶园，应采用补栽或移栽补救。

三、茶树涝害

茶园涝害是指因排水不良或地下水位过高致使茶园土壤水饱和或接近饱和对茶树产生的危害。茶树属旱地栽培的多年生经济作物，与某些旱作比较，它喜水但又忌过湿，只有在水分充足而又透气良好的土壤环境中才能正常生长。如果茶园土壤长期呈过湿状态，则会造成茶树湿害。

（一）茶树涝害的发生原因

茶树涝害的根本原因是土壤中的水分比例增大，空气比例变小，使土壤中的空气状况、土壤温度和农作活动都受到影响，从而诱导茶树产生次生胁迫，阻碍其生长发育。土壤中水分过多主要有以下几方面原因。

1. 气候 当年雨水偏多或常有暴雨出现，可能造成积水，使茶园土壤湿度过大，水分过多，土壤固、液、气三相比严重失调，在这样的环境中土壤、空气严重不足，根系正常呼吸受到抑制，茶树生长受到阻碍，易发生湿害。严重时可使茶树窒息死亡。

2. 地形地貌 分布在丘陵山区的坡脚洼地，或在两山出口处低洼平台上的茶园，由于土层下常有不透水的岩层，加上地形关系，上方雨水常沿坡面径流或潜水暗流汇集，不易排除，如果水流前进的方向受到阻挡如路基、水稻田等，则滞水聚积，使茶园土壤湿度增大，空气减少，茶树根系呼吸困难，水分、养分的吸收代谢受阻，就会产生茶树湿害。在水塘、河流、水库附近的低地茶园，由于坝身透水或地下水外渗等原因，使低地茶园常年水位较高，土壤底层逐渐发生潜育化现象，加害茶树根系，也易形成茶树涝害。

3. 土壤质地原因 部分茶区，尤其是在红黄壤地带的茶区，土体构造不良，在土层下都有一层不易透水的塥层存在。这种硬塥层有黏土层、铁锰结核层、死僵土及母岩等。如果塥层位置高，耕作层浅，又出现在平坦地或蝶形洼地，当雨水无法向深层渗透时，地表流速变小，大量雨水就会聚积，产生茶树涝害。

渍水土壤中，pH 一般向中性发展，并且随着时间的延长，酸性土壤的 pH 随之升高；有机质氧化缓慢。由于缺氧，好气性生物死亡，厌氧微生物增殖，加速土壤的还原作用，导致各种还原性物质产生。在这种条件下，土壤环境恶化，有效养分降低，毒性物质增加，茶树抗病力低，造成茶根的脱皮坏死、腐烂。

（二）茶树涝害的症状

1. 茶树涝害的表现

（1）轻度涝害。茶树吸收根显著减少，且集中分布在土壤表层；输导根粗短，呈水平状伸展，分布较浅；主根难以深扎，又称“萝卜根”；有些侧根不是向下伸展，而是向水平方向伸展，甚至向上伸展。受害主根及输导根的表面呈灰褐色，有腐死现象，须根呈黄褐色，吸收能力明显减弱。

（2）严重涝害。根系变黑、根皮不光滑，有许多呈瘤状的小突起；地上部分枝少，芽叶稀，生长缓慢以致停止生长；叶色黄，树势矮小、多病，枝条发白甚至出现灰枯死亡现象，产量低，品质差。

2. 茶树部位遭受涝害的先后顺序

茶树遭受涝害后，危害从茶树根系开始，进而影响地上部分生长。深处的细根先受害，其后，较浅的细根也开始受伤，粗根表面变黑，继而细根开始腐烂，粗根内部变黑，最后全部变黑枯死。新根先受害，老根后受害。根系的损害导致地上部由嫩到老；从叶到茎的损害，最初表现为嫩叶失去光泽变黄，进而芽尖低垂萎缩，最后成叶失去光泽，凋萎脱落。

（三）茶树涝害的防护

茶树涝害症状由地下部分开始，发展较快，但显现慢，不易被发现。因此，事先预防、及早发现、及时防护极为重要。对有迹象或已经产生湿害症状的茶园，应积极做好调查研究，找出产生涝害的原因，对症施治，因园制宜采取不同的开沟排水技术；视茶树受害程度，进行树冠改造；加强肥培管理；采取换种改植等措施。

1. 集水型涝害茶园 这类茶园在改造时，首先，在该茶园上坡地段按等高线挖好横截水沟，以拦断由上坡流下来的径流与潜水，并连接纵向排水沟。为缓冲水势，纵向排水沟可随道路盘曲而下，形成梯级形排水沟，每级水沟的外缘应高于内侧，以防止水土流失。其次，在每级梯台内侧，开深 20～30 cm，宽 30 cm，长度不等的台后竹节沟，使台后竹节沟与排水沟连接，在其出水口做一小土坝，土坝的高度应低于台面，做到水少时可以利用台后竹节沟蓄水，水多时可将水排到排水沟。同时还要在茶园最低处，开挖明渠或暗沟排水，降低茶园土壤水位。

2. 不透水型涝害茶园 改造不透水型涝害茶园，主要是破塥深耕，挑培客土，改良土壤，同时开设暗沟或明沟排除积水。暗沟一般开在 1 m 左右土层以下，底部用块石砌成桥洞形排水孔，上面再放碎石或沙石，然后填土。为增加茶园土层排水效果，在靠近暗沟内侧的土壤要开得深些，渐远渐浅，使硬塥层与排水沟间至少有 1 m 距离，以提高排水效果。对明显的洼地渍水茶园，除了破塥深耕、加土改良外，还应围绕茶园开设深 1 m 以上排水明沟，并与其他排水沟渠连通。

3. 地下水位型涝害茶园 对这类茶园的改造，要在水塘、水库等的下侧和茶园的上方开挖横截水沟，切断径流与坝身潜水渗透，降低茶园的地下水位，建立良好的茶园排水系统。例如山区茶园附近的山塘、水库与环山渠道，在雨季可蓄水防洪，旱季又能引水灌溉，做到蓄、排、灌兼顾，使沟、渠、塘、库及机埠等有机连成一体，除了可减少与避免茶园低处渍水现象，还可减少水、土、肥的流失。此外，还应加强栽培管理，对于受害茶园，排水后要对受湿害的土壤进行深翻，去除因积水产生的有害物质，同时根据危害程度进行适当修剪。然后加强肥培管理和留养，使茶树复壮，并逐步恢复生长。对建园基础差、湿害严重的茶园，应结合换种改植，平整土地，科学规划，建立新园。如不宜种茶的，可改种其他湿生作物。

第二节　茶园的安全生产

实现茶园的安全生产，是获得安全优质茶叶产品的根本保证，通过分析无公害茶叶和绿色食品茶叶的理化和卫生指标，并对现有茶园的危害原因进行分析，在生产与建设过程中，避免将不利于安全的生产因素引入到茶园中，从而达到安全生产目的。

一、茶园安全生产的影响因素

影响茶园安全生产的因素主要有大气污染、土壤污染、农药污染和化肥污染等。茶叶生产过程中若不注意防范污染，会使产品质量受到影响，因此，要了解茶叶污染的产生原因，并采取措施给予消除。

（一）大气污染产生的原因

常见的气体污染物有二氧化硫、氟化氢、氯气、硫化氢、臭氧，以及氮氧化物和碳氢化合物等。大气污染物的来源有工业污染源、交通运输污染源、生活污染源和农业生产污染源等。

1. 工业污染源　工业污染源大部分是煤炭、石油、天然气燃烧过程中排放出来的烟尘、二氧化硫、一氧化碳、氮氧化物、氟化物以及各种有机化合物气体。

2. 交通运输污染源　交通运输污染是由汽车、火车、飞机、轮船等现代化交通工具的使用，汽油、柴油等的燃烧带来的。交通工具的污染与工厂企业相比，具有小型、流动和分散的特点，但其数量庞大、来往频繁，对大气污染作用相当大，在交通运输污染中对茶叶污染程度较大的是汽车尾气污染，汽车尾气不仅数量大，而且成分复杂，仅碳氢化合物就有150～200种，废气中的一氧化碳、碳氢化合物、氮氧化物都是严重危害环境的化合物。此外，发动机燃油中加有作为抗爆剂的四乙基铅，四乙基铅在燃油燃烧过程中被氧化后随排气进入大气，成为茶园铅污染的主要来源之一，具体表现为城区和交通便利的公路两侧土壤含铅量高于远离道路的土壤。

3. 生活污染源 生活污染源是人类活动过程中向大气排放的污染物，如烟尘、二氧化碳、一氧化碳和二氧化硫等有害气体。

4. 农业生产污染源 农业生产污染源是指农业生产过程中使用的农药、化肥等化学物质的数量急剧增加，种类也愈来愈多，造成大气污染。化肥、农药既可以在喷洒、施用过程中逸散于大气中并随风飘扬，也可以在施用后通过土壤、地表面以及作物叶面扩散、蒸发进入大气，造成大气污染。

（二）土壤污染产生的原因

茶园土壤污染的原因很多，主要来源有水体污染、大气污染、农业生产污染、生物污染和固体废弃物污染等。

1. 水体污染 水体污染物通常是因使用工业废水或其他污水进行灌溉、喷洒，污染物随水进入土壤。

2. 大气污染 飘浮在空气中的各种颗粒沉降物如镉、铅、砷等，沉淀到地面进而溶于土壤，其中二氧化硫、氮氧化物及氟化氢等废气，分别以硫酸、硝酸、氟氢酸等形式随水进入土壤，使茶园土壤受污染。

3. 农业生产污染 农业生产污染主要由茶园中不恰当地施用化学肥料和化学农药所致。

4. 生物污染 在茶园中施用未经无害化处理的垃圾、污泥、粪便和生活污水时，易造成生物污染，成为某些病原菌的疫源地。

5. 固体废弃物污染 由垃圾、矿渣、粉煤灰等物质进入茶园，造成土壤污染的称为固体废弃物污染。

引起茶园土壤污染的物质主要有：

（1）无机物。包括重金属，如汞、镉、砷、铅、铬等，以及盐碱类。

（2）有机农药。包括杀虫剂、杀菌剂和除草剂等。

（3）有机废弃物。

（4）化学肥料。

（5）污泥、矿渣和粉煤灰。

（6）放射性物质。

（7）寄生虫、病原菌及病毒等。

（三）农药污染产生的原因

一般是由防治有害生物以及调节植物生长的药物及加工制剂引起或其他间接途径代入。

农药喷施在茶树芽叶上，部分农药沉积在茶树芽叶表面，部分农药渐渐渗入茶树组织内部，如果农药被茶树的茎、叶等器官吸收，可以随植物液流输导到其他部位。这些农药在日光、雨露、温度等外界因素和茶树体内代谢等因素的作用下，逐渐分解或转变为其他无毒物质，使农药残留逐渐降低。在这些农药还没有完全降解时采摘制作的成茶中便会含有农药残留。采摘日期距喷药日期愈远，茶叶中残留的农药浓度也愈低。因此，为控制和降低茶叶中的农药残留，选用降解速率快的农药品种，并严格按照安全间隔期采摘，是最重要和最有效的控制农药残留的技术措施。

影响茶叶体内农药残留的间接途径有3个。

1. 茶树从土壤中吸收农药 喷药过程中，有70%～90%的农药会流失到土壤中，这些农药一部分在土壤中蓄积，一些内吸性的农药，还可以通过根系吸取水分和营养物质的同时，将农药输送到枝梢。此外，被土壤吸收的农药会从土壤挥发到空气中而被茶树芽叶吸收。因此，茶园即使近期或本生产季节没有施用某种农药，而在一两年前施用过，也可能在茶树芽叶中检测到该农药残留。

2. 茶园灌溉水受污染 茶树叶面施肥、喷药和喷灌使用的水源如果已经受到周边农作物或其他原因污染，这些污染物就有可能随水转移到茶树芽梢上。因此在发展无公害茶园和绿色食品茶园的过程中，要注意茶园周边稻田、果园、菜地等作物的用药。

3. 空气漂移 农药喷施在叶片表面或土壤表面后可以通过挥发进入大气，或吸附在空气中的尘粒上，或是呈气态随风转移。这些被吸附或直接随气流转移的农药会在一定距离外直接沉降或由雨水淋降，造成茶叶芽梢中的农药残留。因此要重视农药在空气中的漂移。

（四）化肥污染产生的原因

随着化肥产业的发展和人们对作物产量要求的提高，化肥的使用量日益增大，对环境产生的影响，主要表现在：

1. 在肥料中混杂的有害成分 在肥料中混杂的有害成分被茶树吸收贮存，通过饮用茶水影响人体健康。

2. 长期施用化肥 茶园土壤有机质减少、地力下降、土壤物理化学性质和生物学性质变差，进而影响茶叶的产量和质量。

3. 肥料成分 氮肥可自土壤渗入地下水或流入池塘、江河、湖海造成水体污染。部分化学肥料中混杂有镉、汞等重金属。在茶叶生产中，应对肥料进行检测或选用正规厂家生产的肥料，防止重金属污染茶园土壤和茶叶。

长期过量施用化肥将造成土壤板结，破坏土壤团粒结构，使土壤肥力和土壤酸度下降，并污染空气和水质。

（五）有害微生物和夹杂物的污染

茶叶中有害微生物污染主要是指有害微生物在茶叶采摘、摊放、加工、包装和贮运过程中对茶叶造成的污染。主要取决于茶叶生产、加工和包装过程中的卫生条件。常见的有害微生物包括大肠杆菌、沙门氏杆菌等。

另外，含毒塑料薄膜的使用也会造成茶叶污染。茶园覆盖的塑料薄膜及包装使用的聚氯乙烯薄膜等都含有易挥发的增塑剂成分，这些挥发出的气体会被茶叶吸附，造成污染。

茶叶中的夹杂物主要是不良习惯带入茶园、茶厂的非茶类物质，落在鲜叶中混入干茶，要强化管理，有效控制非茶类夹杂物的污染。

二、茶叶安全标准与安全生产技术

无公害茶叶的基本要求是安全、卫生，对消费者的身心健康无危害。无公害茶叶生产的中心内容是合理安全使用化学农药、肥料，从源头上减少茶叶中农药残留，以及生产对环境带来的污染。

（一）茶叶安全标准

为了保证茶叶的质量安全，国家有关部门相继发布、实施了有关茶产品的标准，农业农村部于2000年起组织实施了“无公害食品行动计划”，并于2001年发布了《无公害食品 茶叶》（NY 5017—2001）等一系列无公害茶叶相关标准，并于2004年修订发布了新版标准《无公害食品 茶叶》（NY 5244—2004）（2014年废止）。同时，为了进一步提高茶叶产品的质量层次，农业农村部专门成立了绿色食品办公室，制定了《绿色食品 茶叶》（NY/T 288—1995），2002年、2012年、2018年先后3次修订标准《绿色食品 茶叶》（NY/T 288—2018）（表7-5）。为了进一步整合有关标准，从国家食品安全的角度出发，国家卫生健康委联合农业农村部、市场监督管理总局于2019年发布了国家食品标准《食品中农药最大残留限量》（GB 2763—2019），与茶叶有关的污染物和农药分别见表7-6和表7-7，其中将茶叶纳入到饮料类食品中，明确了茶叶是饮料类食品中的一类。国家标准是强制标准，任何茶产品都必须达到这一标准的要求。

表7-5 绿色食品茶叶的安全指标（NY/T 288—2018）

单位：mg/kg

项 目	指 标
滴滴涕	≤0.05
啶虫脒	≤0.1
氯氟氰菊酯和高效氯氟氰菊酯	≤3
氯氰菊酯和高效氯氰菊酯	≤0.5
甲胺磷	不得检出（<0.01）

（续）

项目	指标
硫丹	不得检出（＜0.03）
灭多威	不得检出（＜0.01）
氰戊菊酯和S-氰戊菊酯	不得检出（＜0.02）
三氯杀螨醇	不得检出（＜0.01）
杀螟硫磷	不得检出（＜0.01）
水胺硫磷	不得检出（＜0.01）
乙酰甲胺磷	不得检出（＜0.01）
铜（以Cu计）	≤30

表7-6　食品中污染物限量（GB 2762—2017）

单位：mg/kg

项目	限量
铅	5.0

表7-7　食品中农药最大残留限量（GB 2763—2019）

项目	MRL（mg/kg）	ADI（mg/kg）	用途
百草枯	0.2	0.005	除草剂
百菌清	10	0.02	杀菌剂
苯醚甲环唑	10	0.01	杀菌剂
吡虫啉	0.5	0.06	杀虫剂
吡蚜酮	2	0.03	杀虫剂
吡唑醚菌酯	10	0.03	杀菌剂
丙溴磷	0.5	0.03	杀虫剂
草铵膦	0.5*	0.01	除草剂
草甘膦	1	1	除草剂
虫螨腈	20	0.03	杀虫剂
除虫脲	20	0.02	杀虫剂
哒螨灵	5	0.01	杀螨剂
敌百虫	2	0.002	杀虫剂

（续）

项　目	MRL（mg/kg）	ADI（mg/kg）	用　途
丁醚脲	5*	0.003	杀虫/杀螨剂
啶虫脒	10	0.07	杀虫剂
毒死蜱	2	0.01	杀虫剂
多菌灵	5	0.03	杀菌剂
呋虫胺	20	0.2	杀虫剂
氟虫脲	20	0.04	杀虫剂
氟氯氰菊酯和高效氟氯氢菊酯	1	0.04	杀虫剂
氟氰戊菊酯	20	0.02	杀虫剂
甲氨基阿维菌素苯甲酸盐	0.5	0.000 5	杀虫剂
甲胺磷	0.05	0.004	杀虫剂
甲拌磷	0.01	0.000 7	杀虫剂
甲基对硫磷	0.02	0.003	杀虫剂
甲基硫环磷	0.03*		杀虫剂
甲萘威	5	0.008	杀虫剂
甲氢菊酯	5	0.03	杀虫剂
克百威	0.05	0.001	杀虫剂
噻螨醚	15	0.05	杀螨剂
联苯菊酯	5	0.01	杀虫/杀螨剂
硫丹	10	0.006	杀虫剂
硫环磷	0.03	0.005	杀虫剂
氯氟氰菊酯和高效氯氟氰菊酯	15	0.02	杀虫剂
氯菊酯	20	0.05	杀虫剂
氯氰菊酯和高效氯氰菊酯	20	0.02	杀虫剂
氯噻啉	3*	0.025	杀虫剂
氯唑磷	0.01	0.000 05	杀虫剂
醚菊酯	50	0.03	杀虫剂
灭多威	0.2	0.02	杀虫剂

（续）

项　目	MRL（mg/kg）	ADI（mg/kg）	用　途
灭线磷	0.05	0.000 4	杀线虫剂
内吸磷	0.05	0.000 04	杀虫/杀螨剂
氰戊菊酯和S-氰戊菊酯	0.1	0.02	杀虫剂
噻虫胺	10	0.1	杀虫剂
噻虫啉	10	0.01	杀虫剂
噻虫嗪	10	0.08	杀虫剂
噻螨酮	15	0.03	杀螨剂
噻嗪酮	10	0.009	杀虫剂
三氯杀螨醇	0.2	0.002	杀螨剂
杀螟丹	20	0.1	杀虫剂
杀螟硫磷	0.5*	0.006	杀虫剂
水胺硫磷	0.05	0.003	杀虫剂
特丁硫磷	0.01*	0.000 6	杀虫剂
西玛津	0.05	0.018	除草剂
辛硫磷	0.2	0.004	杀虫剂
溴氰菊酯	10	0.01	杀虫剂
氧乐果	0.05	0.000 3	杀虫剂
乙螨唑	15	0.05	杀螨剂
乙酰甲胺磷	0.1	0.03	杀虫剂
印楝素	1	0.1	杀虫剂
茚虫威	5	0.01	杀虫剂
莠去津	0.1	0.02	除草剂
唑虫酰胺	50	0.006	杀虫剂
滴滴涕	0.2	0.01	杀虫剂
六六六	0.2	0.005	杀虫剂

* 该限量为临时限量。

（二）茶园安全生产技术

要生产安全优质茶叶，必须严格按照生产技术要求规范生产，无公害、绿色、有机茶叶的获得在生产过程中有许多具体的技术要求，包括产地环境和生产措施合理运用。

1. 茶产地环境要求 农产品的质量与环境是密切相关的，茶叶生产也是如此，产地环境优劣直接关系着茶叶的质量及其卫生安全性。绿色食品茶叶的产地要选择在生态条件良好，无污染地区、远离工矿区和公路、铁路干线，避开污染源，符合 2013 年农业农村部发布的《绿色食品 产地环境质量》（NY/T 391—2013）对产地土壤、大气和灌溉水源的规定。无公害茶园和有机茶园要符合《无公害农产品 种植业产地环境条件》（NY/T 5010—2016）、《有机茶产地环境》（NY 5199—2002）对产地土壤、大气和灌溉水源的规定。

（1）土壤。土壤中重金属元素毒性大，可以在人体中蓄积，引起急性或慢性中毒，有的还会引起致癌或致畸。因此在 3 个不同的标准中对土壤中 6 种重金属元素含量做了规定，见下表 7-8。

表 7-8 无公害、绿色食品与有机茶园土壤中重金属的浓度限值

单位：mg/kg

项 目	无公害茶园	绿色食品茶园	有机茶园
镉	≤0.30	≤0.30	≤0.20
汞	≤01.3	≤0.25	≤0.15
砷	≤40	≤25	≤40
铅	≤70	≤50	≤50
铬	≤150	≤120	≤90
铜	≤50	≤50	≤50

注：引自 NY 5010—2016、NY/T 391—2013、NY 5199—2002。

大部分茶区的土壤都能达到无公害茶园的生产标准，但一些离城市较近的近郊茶园、公路主干道附近的茶园及离矿区较近的矿区茶园，存在部分指标超标的可能，因此在建设茶园时更应注意园地的选择和茶园保护。

（2）大气。茶叶采后不加清洗立即加工，加工后的成茶也是不加清洗直接冲泡饮用的，因此，要求茶园上空和周边的空气要清洁、无污染，没有异味，在不同的标准中对总悬浮颗粒物、二氧化硫、过氧化氢及氟化物气体含量提出了一定的要求（表 7-9）。茶园选择在远离城市、工厂、居民点、公路主干道的山区或半山区，可有效防止城市垃圾、废气、尘土、汽车尾气及过多人群活动给茶园带来污染。

表 7-9　绿色食品与有机茶园环境空气质量标准

	绿色食品茶园		有机茶园	
	日平均*	1 h 平均**	日平均**	1 h 平均*
总悬浮颗粒物（mg/m^3）	≤0.30	—	≤0.12	—
二氧化硫（mg/m^3）	≤0.15	≤0.50	≤0.05	≤0.15
二氧化氮（mg/m^3）	≤0.08	≤0.20	≤0.08	≤0.12
氟（F）化物（$\mu g/m^3$）	≤7	≤20	≤7	≤20

* 日平均指任何 1 d 的平均浓度；** 1 h 平均指任何 1h 的平均浓度。

注：引自 NY/T 391—2013，NY 5199—2002。

（3）灌溉水源。茶树年耗水量大，适宜生长在年降水量达 1 500 mm 左右的地区，生长季节占年总耗水量的 70%以上，许多山区和半山区茶园无灌溉条件，只能依靠天然降水维持茶树生长，对茶叶产量和质量都有一定影响。随着设施农业的发展，采用不同形式的灌溉是茶园生产的发展方向。无公害、绿色食品、有机茶园对灌溉用水有严格的要求，水质要清洁卫生，没有污染，无论是来自溪、塘、库、泉，其水中有害重金属含量必须达到表 7-10 的规定要求。

表 7-10　无公害、绿色食品与有机茶园灌溉水中各项污染物浓度限值

单位：mg/L

项　目	无公害茶园	绿色食品茶园	有机茶园
pH	5.5～8.5	5.5～8.5	5.5～7.5
总汞	≤0.001	≤0.001	≤0.001
总镉	≤0.01	≤0.005	≤0.005
总砷	≤0.1	≤0.05	≤0.05
总铅	≤0.2	≤0.1	≤0.1
六价铬	≤0.1	≤0.1	≤0.1
氰化物	≤0.5	≤2.0	≤0.5
氯化物	—	—	≤250
氟化物	—	≤2.0	≤2.0
石油类	≤10	≤1.0	≤5
化学需氧量（COD_{Cr}）	≤200	≤60	—
挥发酚	≤1	—	—
全盐量	≤1 000（非盐碱地区）； ≤2 000（盐碱地区）	—	—
粪大肠菌群，个/100 mL	≤4 000	—	—

注：引自 NY 5010—2016、NY/T 391—2013、NY 5199—2002。

2. 生产措施合理运用　茶园的土壤管理，病、虫、草害防治等生产措施的合理与否对茶叶生产的安全性有较大影响。土壤管理的中心工作有茶园的水土保持和地力的维持。茶园水土保持从茶园建设开始就应十分重视。茶园基地建设及茶园开垦应根据不同坡度和地形，选择适宜的时期、方法和施工技术。避免在雨季进行，耕作横向作业，防治水土流失。采用地面覆盖等措施提高茶园的保土蓄水能力，所用的覆盖材料应未受有害和有毒物质污染。茶园与四周荒山陡坡、林地和农田交界处应设置隔离沟等。

茶园的土壤管理应定期监测土壤肥力水平和重金属元素含量，并有针对性地采取土壤改良措施。肥料的施用，宜多施有机肥料，化肥与有机肥料配合使用，避免单纯使用化学肥料。施用量和施用

种类应根据土壤理化性质、茶树长势、预计产量、制茶类型和气候等条件，合理确定肥料种类、数量和施肥时间。每年必须施基肥和追肥，保证足够数量的有机肥返回土壤，不断补充茶树所需要的营养元素，保证生产的可持续性，实施茶园平衡施肥，防止茶园缺肥和过量施肥，农家有机肥应尽量就地生产就地使用。有机肥必须经过堆制腐熟、高温发酵，达到无害化处理要求。种植绿肥是茶园的主要肥料来源之一，尤其是对幼龄茶园、改造茶园，更要做好此项工作。

茶园的病、虫、草害控制要注重保护生态环境，应用生态学原理，以农业措施为主，生物、物理防治技术为辅，合理利用允许使用的植物源农药和矿物源农药，控制茶园病、虫、草害对生产带来的危害。应掌握以下原则：

（1）保护茶园生物群落结构，维持茶园生态平衡。要营造良好的茶园生物群落，在茶园周围与茶园中种植防风林、行道树、遮阳树，合理调整茶园结构和布局，使茶区形成较完好的生态系统，创造不利于病、虫、草滋生和有利于各类天敌繁衍的环境条件，增强茶园自然生态调控能力。

（2）优先采用农业技术措施，加强茶园栽培管理。茶园栽培管理既是茶叶生产的主要技术措施，也是控制病、虫、草害的重要方法。具体可以通过选育抗病虫品种、茶园耕作、铺草、排灌、修剪、施肥、采摘等多种措施的合理运用，达到控制病、虫、草害发生的目的。

（3）采用物理、生物防治方法，减少化学药剂使用。物理防治是指采用物理机械原理防治病虫害，目前在茶园中应用较多的有频振式诱虫灯，利用昆虫的趋性（趋光性和趋化性）或害虫种群自身间的化学信息联系引诱并杀死害虫的方法。生物防治是指用食虫昆虫、寄生昆虫、病原微生物或其他生物天敌来控制病、虫、草害的发生。其中有些是自然存在的，可以加以保护和利用；有些可人为饲养释放。

（4）合理使用植物源和矿物源农药，有限制地使用高效、低毒、低残留农药。植物源农药就是来源于植物或植物提取物对病虫有生物活性的物质，在茶园中主要对鳞翅目害虫和部分同翅目害虫有效，使用时应掌握在抗药性弱的1～2龄幼虫期喷药。矿物源农药是指有效成分来源于无机矿物或石油提炼物的农药，如石硫合剂、波尔多液、硫悬浮剂、矿物油等，矿物源农药对茶园病害、螨类有较好的防治效果，主要用于非采茶季节，如冬季封园时。

有时茶园病虫害发生严重，物理、生物、农业措施难以达到控制效果，可选择化学防治方法加以控制，但选择使用的农药种类必须是生产中允许的、使用量和使用间隔期符合要求的化学农药。农药使用过程中要注意轮换用药，合理混配，保护天敌，提高喷施技术。

三、茶园污染源的控制

茶叶中的污染物质，一部分来自茶园土壤、水体和大气等自然环境，另一部分来自农药、肥料、机械等生产资料投入。要控制和消除茶叶污染，实现茶叶安全生产，必须实行综合治理。

（一）大气污染的防治与控制

茶区大气污染主要是固体颗粒和汽车尾气，可以通过种植防护林和行道树将茶园与工厂和公路隔离开来以净化空气。对茶园周围的工厂通过加高烟囱排烟，因为烟囱越高越有利于烟气的扩散和稀释，地面污染物的浓度与烟囱高度的平方成反比，所以提高烟囱高度是减轻烟囱排烟造成地面大气污染的有效措施。

（二）茶园土壤污染的治理

土壤污染的治理有生物、物理或化学等不同方法。一方面可通过改变重金属存在形态，降低其活性。重金属的存在形态非常复杂，不同形态有效性差异很大。各种重金属在土壤中，一般分为残留态、有机结合态、铁锰氧化物结合态、碳酸盐结合态、交换态和水溶态，其稳定性依次降低。水溶态、交换态对植物最有效，活性最大，毒性最强，称为可给态，将这两种形态转变为稳定性更强的形态是降低其毒性的有效途径之一。另一方面可从土壤中去除重金属。利用富集植物吸收重金属后再连根拔起，或用工程技术方法将重金属转变为可溶态、游离态，再经淋洗，收集淋洗液中的重金属，从而达到减少土壤中重金属含量的目的。具体措施有：

1. 生物措施 利用土壤生物和微生物对重金属的吸收、沉淀、氧化和还原作用，降低或消除重金属污染。

受重金属污染的土壤中，生存有数量可观的能适应重金属污染环境并能氧化或还原重金属的微生物种群。微生物对重金属的作用有：

（1）吸收作用。由于专性微生物区系能促进重金属参与微生物体组成，从而促进重金属被微生物吸收，减少植物摄取。因此，向污染土壤中接种专一性强的微生物可降低重金属毒性。

（2）氧化作用。微生物可使还原态重金属氧化，如五色杆菌、假单胞菌能使亚砷酸盐养化为砷酸盐，从而降低 As 的毒性。

（3）沉淀作用。在厌氧条件下，利用产 H_2S 细菌产生的 H_2S 与 Cd^{2+} 结合生成 CdS 沉淀可以降低 Cd^{2+} 的毒性。

（4）还原作用。某些细菌产生的特殊酶能还原重金属。抗 Hg 细菌如假单胞菌、大肠杆菌体内存在特殊的 MMR 酶系，能将土壤中的甲基汞、乙基汞、硝基汞还原为元素汞。日本有人利用此原理将富汞细菌收集起来，经蒸发、活性炭吸附等方法除去 Hg。

运用遗传、基因工程等高科技生物技术，培育能降低重金属毒性的微生物，并运用于污染治理是目前环境科学研究中的活跃领域。

植物对污染物有一定的耐性，有些植物能使污染物在植物体内外局部富集，如使重金属在植株根部细胞群沉淀而束缚其跨膜吸收，或与某些蛋白质、有机酸结合生成具生物活性的解毒形式，从而提高了对重金属伤害的忍耐度。对于重金属污染的土壤，可种植抗污染且能富集重金属的植物来去除，但过程缓慢，这种形式可使土壤中重金属逐年递减。在 Cd 污染较重的土壤中，可种植柳属的植物、野生苋、十字花科遏蓝菜属，天蓝遏蓝菜可使体内的 Cd 含量高达 5 000～7 000 mg/kg，生物聚合物如淀粉、藻类、纤维类物质等与植物吸收重金属都有一定的关系。

2. 农业工程措施 主要是利用改良剂对土壤重金属的沉淀作用、吸附抑制作用和拮抗作用，降低重金属的扩散性和生物有效性。

（1）增施促还原的有机肥。胡敏酸、堆肥、鸡粪等有促进还原的作用，可使重金属生成硫化物沉淀；能增加土壤胶体，促进重金属吸附、螯合、络合能力，使 Cr^{6+} 还原为低毒性的 Cr^{3+}；有机肥还可增大阳离子代换量（CEC），有利于改善土壤物理性质。

（2）合理施用磷酸盐化肥。磷酸盐可使重金属 Cd、Hg 等生成磷酸盐沉淀。酸性土壤施碱性的钙、镁、磷肥优于其他磷肥；石灰性土壤有效磷易被固定，以使用 KH_2PO_4 较好。

（3）适当施用石灰性物质。包括石灰、硅酸钙炉渣、钢渣、粉煤灰等碱性物质或配施钙镁磷肥、硅肥等碱性肥料。重金属的最大特性是易受土壤 pH 控制，提高土壤 pH，使重金属生成硅酸盐、碳酸盐、氢氧化物沉淀。施用石灰也可降低茶树对氟的吸收。但要注意的是：

①在一定 pH 范围内，砷酸盐会随 pH 升高活性升高，对于 As 污染土壤，最好改用磷酸盐，特别是在 As 复合污染中施磷酸盐尤为重要。

②不同的重金属沉淀时 pH 各异，Hg 在 $pH>6.5$ 时沉淀，Cd 在土壤 $pH\geqslant 10$ 时沉淀。

③要考虑茶树的耐碱能力。

（4）施用石灰硫黄合剂、硫化钠等含硫物质。促使土壤重金属生成硫化物沉淀。

（5）加抑制剂、吸附剂。膨润土、合成沸石等硅铝酸盐能钝化重金属。

（6）利用无毒阳离子拮抗重金属。Ca^{2+}、Mg^{2+}、Zn^{2+}、Si^{2+} 是植物必需元素。Zn^{2+} 对重金属有拮抗作用，但过量致毒；Ca^{2+} 属于平衡性的无害离子，利用 Ca^{2+} 对 Cu、Pb、Cd、Zn、Ni 的拮抗作用可减少作物对重金属的吸收；利用 Zn 对 Cd 的拮抗在缺 Zn

土壤上施 Zn 肥，还可降低 Cd 的毒性；利用 Si 对 Mn 的拮抗，在水稻田中施适量 Si 肥，不仅增加水稻的 Si 营养，还能降低 Mn 毒。

（7）翻耕或客土、换土。翻耕是将污染重的表层土翻至下层；客土是在污染土壤上加入净土；换土是将已污染土壤移去，换上新土。

（三）茶叶中农药残留的控制

病、虫、草害的化学防治是茶叶农残的主要来源，但它又是当前茶树植保上运用的主要手段。因此降低农残的关键在于控制污染源，即合理科学地进行病虫害防治，尤其是病、虫、草害的化学防治。对已受农药污染的土壤和茶树，可采取以下方法：

（1）微生物降解，在厌氧条件下 DDT 能迅速分解，把土壤漫灌作为消除 DDT 残留污染的一种手段。

（2）利用添加剂减少土壤中农药残留。如用液态 NH_3 和金属 Na 混合剂处理 19 种农药，可解除 315 种化合物的毒性。

（3）种植吸附性强的植物。将土壤中农药残留吸收富集，再对植物进行处理。

（4）利用紫外线的光解作用。土壤是农药在环境中的贮藏库与集散地，施入茶园的农药大部分残留在土壤介质中。研究表明，使用的农药中 80%～90%的量将最终进入土壤。农药对土壤的污染，与所用农药的基本理化性质、施药地区的自然环境条件以及农药使用的历史等密切相关。不同农药，基本理化特性不同，在土壤中的降解速率也不一样，从而决定了其在土壤中的残留时间也不一样。如有机氯杀虫剂的半衰期为 2～4 年。所谓农药的半衰期（t/2）是指农药降解 50%所需要的时间，用它来表示某种农药的降解速度。数字越小，表示降解速度越快；数字越大，表示农药性质越稳定。一般而言，农药在土壤中的降解速率越慢，残留期就越长，就越容易导致土壤污染。农药选用时，要充分考虑这些因素，有效控制农药在土壤中的残留。

近年来农药残留降解研究包括微生物降解、臭氧降解、降解剂方法等，其中微生物的降解作用得到了较多关注。通过微生物的富集培养、分离筛选等技术已经发现了很多能降解农药的微生物。茶树叶面降残剂对茶树中残留农药降解的研究也不少，应用稀土、$NaHCO_3$、腐殖酸钠、增产菌等单一的生物及化学制剂喷施茶树叶片，均表现出一定的降解效果。这方面的研究工作还在进一步开展中。

（四）化肥和有害微生物污染的控制

针对化肥使用带来的污染原因，应严格筛选使用的肥料种类，避免将含有潜在污染的化学肥料用于茶园。强调无机与有机肥的结合使用，按平衡施肥的原则确定无机肥的施用量，掌握合适的肥料施用时间，有效地控制无机肥料可能对环境造成的不利影响。

茶叶各生产环节所用材料、器具都要按照食品生产场所的卫生要求，改善茶叶生产场所的基本环境卫生条件与机具的卫生质量，严格茶厂卫生管理制度，防止和杜绝有害微生物污染茶叶。

第八章

茶叶加工技术

茶树鲜叶必须经过加工才能成为能够饮用的茶叶产品，茶叶加工在茶叶生产中非常重要，直接影响茶叶品质的发挥。

第一节　鲜叶适制性

茶树鲜叶质量标准，除了匀度和新鲜度要求一样外，其他质量指标依各种茶类而异。同一质量的鲜叶既可以制成红茶，也可以制成绿茶，还可以制成其他茶类。但是，不同茶类的制茶品质却有差异。同是一芽二叶初展，有的鲜叶制红茶比制绿茶品质好，有的制红茶、绿茶品质都较好，但制青茶就不适宜，因为制青茶的鲜叶要求是嫩度中等的二、三叶，且柔软度适中。人们将这种具有特定理化性状的鲜叶适合制造某种茶叶的特性，称为鲜叶适制性。根据鲜叶适制性制造某种茶类，或者根据要制造的茶类有目的地选取鲜叶，才能充分发挥鲜叶的经济价值，制作出品质优良的茶叶。

一、鲜叶叶色与适制性

茶树鲜叶叶色与制茶品质关系很大，不同叶色的鲜叶适制性不同。深绿色鲜叶制绿茶比制红茶品质好；浅绿色鲜叶制绿茶的品质比制红茶差；紫色鲜叶制红茶品质比深绿色鲜叶好，但不如浅绿色鲜叶制作的红茶品质好。这主要是由不同叶色鲜叶的各主要化学成分的含量不同造成的。

一般深绿色鲜叶的粗蛋白含量高，多酚类、水浸出物、咖啡因的含量低；浅绿色叶则相反，粗蛋白含量低，多酚类、水浸出物、咖啡因的含量高；而紫色叶的含量介于两者之间。研究证明，鲜叶内主要化合物的含量与鲜叶适制性具有相关性。一般来说，多酚类含量高，粗蛋白、叶绿素含量低的，适制红茶；多酚类含量低，粗蛋白、叶绿素含量高的，适制绿茶。

二、鲜叶形态与适制性

（一）鲜叶白毫

鲜叶背面着生的许多茸毛，称为白毫。对同一品种茶树鲜叶而言，白毫多少标志着鲜叶老嫩，鲜叶越嫩，白毫越多，成茶品质也越好，尤其在制作红茶、绿茶时表现更明显。在烘青过程中，白毫脱落很少，所以干茶白毫显露越多说明品质越好。在炒青过程中，通过炒干工艺白毫已基本脱落。在红茶制造中，揉捻时茶液黏附在白毫上面，经过发酵使白毫显现出金黄的色泽，因此，金黄色白毫的多少反映了红茶品质的高低。

不同品种的茶树鲜叶，其嫩度相同而白毫的多少却不同。如福鼎大白茶茸毛特多。不同茶类对白毫多少的要求不同，有的茶类要求白毫多且显露，如显毫的白毫银针、绿茶毛峰、碧螺春，应选白毫多的茶树鲜叶。有的要求白毫多但隐而不显，如西湖龙井、南京雨花茶等。这些茶在炒制过程中，用磨光或搓揉的动作，使茸毛脱落或紧贴在茶身上。

（二）鲜叶叶张和叶质

鲜叶的形状、大小、厚薄和软硬程度与制茶品质有密切关系。对同一品种茶树的鲜叶而言，叶片小的一般细嫩且柔软，叶片大的一般比较粗老而稍硬，若制同种茶类，则前者可塑性较好，制出的茶叶条索紧细，品质也较好。而后者，无论外形、内质都较差。

对不同茶树品种的鲜叶而言，同样的芽叶标准，叶片有大有小，也不能以叶片大小来论嫩度。鲜叶形状与茶叶成品的外形有密切关系，根据成熟叶片的长宽比，可以将叶形划分为圆形、椭圆形、长椭圆形、披针形。其中，以椭圆形和长椭圆形居多。叶形是茶树品种遗传性状的表现。椭圆形鲜叶的长宽适中，适制性广，可以做多种形状的茶叶，如龙井茶、铁观音、祁红工夫等。长椭圆形和披针形，适制条形、针形和卷曲形茶。

制作扁形（龙井）、针形、卷曲形茶叶，鲜叶面积一般宜小，尖形、片形茶叶叶形要求较大。乌龙茶要求鲜叶较大而柔软适中，鲜叶小而嫩不适合做青茶。大叶种制红碎茶的品质优于小叶种。

鲜叶的厚薄，指叶肉肥厚或瘦薄，对同一品种，同样嫩度，肥培管理好的，树势生长旺盛，叶肉肥厚，叶质柔软多汁，制作的茶叶外形紧结、重实、品质好；肥培管理差的，鲜叶薄而硬，制作的茶叶无论外形还是内质都较差。

根据茶树鲜叶的适制性原理，采用多茶类组合生产方式，于茶季初期及时采摘嫩叶，制作少量名优茶，芽叶产量逐渐增多时，可采摘鲜叶制作大宗茶类。茶树鲜叶及时采摘，及时制作，既可延长采摘时期，消除高峰期限，缓解劳动力紧张，又能充分利用前后期鲜叶的适制性，提高茶叶产量和品质。

三、自然条件与适制性

地理条件是影响鲜叶适制性的一个重要因素，纬度及生态环境等地理条件的改变影响鲜叶内含化学成分，从而影响茶叶品质。

（一）纬度

一般而言，纬度偏低的茶区特点是，年均温高，日照大，年生长期也较长，有利于碳素代谢，茶多酚含量相对较高，蛋白质、氨基酸含量相对较低；而纬度较高的茶区，呈相反的趋势。纬度对茶叶内含化学成分、鲜叶适制性的影响是由气候导致的。沂蒙茶区地处北纬 34°22′～36°13′，纬度对鲜叶适制性的影响不可忽视。

（二）生态环境

茶叶优异品质的形成与茶园生态环境密切相关。我国许多名茶都产于风景优美、气候温和湿润、土壤疏松肥沃，特别适宜茶树生长的自然环境中。在这种优越的环境条件下，林木遮阳、气候温和、湿润，茶树水分蒸发量减少，加之水土保持良好，土壤有机质含量丰富，微生物活跃，土壤疏松肥沃，适合茶树耐阴、喜温、喜湿、好肥的特性，持嫩性好，叶质柔软，内含物丰富，尤其是氨基酸含量高，芳香物质丰富，鲜叶天然品质好，对茶叶优异品质的形成，尤其是独特品质风味的形成，起到了极其重要的作用。“高山出好茶”，但好茶的形成并不完全在高山，良好的生态环境，特别是各种生态环境因子的综合作用至关重要。

第二节　高档茶叶加工

茶树鲜叶必须经过加工才能成为能够饮用的茶叶产品，因此茶叶加工环节在茶叶生产中至关重要，它影响茶叶品质的发挥，对茶叶的安全性指标影响甚大。各种茶类的加工工艺均是由各个工序经过合理组合而成，改变加工工艺中各工艺因素的指标，就形成了名优茶各自独特的品质特征。

一、摊放

摊放是名优茶制作前鲜叶处理（轻度萎凋）的重要过程，主要有两个作用：一是蒸发部分水分，使叶质柔软，在炒制过程中易于造型，同时由于水分蒸发，杀青锅温稳定，容易控制杀青质量，节省人力物力；二是在鲜叶摊放过程中，随着水分的蒸发，茶多酚会发生轻度氧化、水浸出物和氨基酸增加、叶绿素减少，这些变化能够改进干茶色泽、茶汤色香味及叶底等，显著提高名优茶的品质效果。

二、杀青

杀青是利用高温迅速破坏酶的活性，制止多酚类化合物的酶性氧化，可以防止叶子红变，保持绿茶清汤叶绿的品质特征，是绿茶加工的第一道工序，同时还具有散发水分、挥发青草气、增加香气、柔软叶质的作用。杀青温度、投叶量、杀青时间、杀青方法等是影响杀青质量的主要因素，这些因素之间互相制约、互相影响，只有配合适当才能达到充足、均匀的杀青目的。

杀青适度的标准：含水量60%左右；叶色由鲜绿变暗绿，叶表失去光泽；叶子柔软不黏手，手握芽叶成团，抛之即散；折梗不断，无红梗、红叶；青草气消失，清香显露。

三、萎凋

萎凋是制作红茶和白茶的第一道工序。在萎凋过程中，鲜叶发生叶态萎缩、叶质变软、叶色变暗等物理变化。随着这些物理变化，叶细胞失水，细胞膜透性增大，酶活性增强，促进部分酶性氧化，蛋白质、淀粉、原果胶部分水解。氨基酸、单糖、水溶果胶及芳香物质的变化，为茶叶外形和色香味的形成创造了条件，有利于红茶、白茶品质的形成。萎凋的主要工艺因素有温度、湿度、通风量和时间等。萎凋过程中的水分变化和化学变化与这些工艺因素密切相关。因此，为达到制茶品质的要求，各工艺因素之间必须协调配合。

萎凋方法有室内自然萎凋、日光萎凋和萎凋槽萎凋三种。室内自然萎凋是利用自然气候条件，在室内进行的一种萎凋方式，一般时间较长，但品质稳定，易于控制。日光萎凋是使鲜叶直接接受日光照射，散失水分。这种方法简便，萎凋速度快，但受自然条件限制大。此外，在烈日下进行日光萎凋，易造成叶子红变，萎凋不匀，芽叶焦枯，萎凋程度很难掌握。萎凋槽萎凋是用鼓风机强制热空气穿透叶层，提供叶子蒸发水分所需的热量，并及时吹散叶表面水分，促进水分蒸发。

四、揉捻

揉捻是通过不同的方法，在力的作用下将萎凋叶或杀青叶塑造成各种特定形状和内质的过程，对提高成品茶的品质有重要作用。手工揉捻或小型揉捻机揉捻是大多数名优茶常用的揉捻方法。由于外形和内质风格要求不同，各类名优茶的揉捻工艺有很大差别，有的茶叶需揉捻，有的茶叶不经揉捻。以占名优茶比例较大的名优绿茶为例，除少数有独立的揉捻工序外，大部分都结合杀青、造型、干燥等作业，在适宜的温度条件下塑造出符合品质要求的茶叶。在揉捻过程中，揉捻工艺的掌握必须根据鲜叶嫩度、制茶类型、叶量、时间、压力等因素而定，遵循“嫩叶轻抹，老叶重揉”“轻、重、轻”和“抖揉结合”的原则，以保证外形和内质达到特定规格。高档名优茶特别要注重揉捻工艺，操作不当极易产生外形走样、条形短碎、叶色发暗、白毫脱落等情况。揉捻适度的标准是芽叶完整，卷紧成条率达 80%，茶汁开始轻度外溢。

名优茶的揉捻（包括造型）没有统一固定的模式。为达到名优茶特定的品质要求，应随着叶片水分的变化、形状的形成和内质的要求，随时变换手法，控制揉捻时间、压力等因素。

五、发酵

发酵是红茶形成色、香、味品质特征的关键工序。茶叶发酵的进程是萎凋叶通过揉捻（揉切）力的作用，造成叶组织损伤，茶多酚与酶类相接触，在氧的参与下进行激烈的酶促氧化，形成黄色物质、红色物质和其他深色物质，其中黄色物质为茶黄素，红色物质为茶红素，具有红艳明亮的汤色和浓、强、鲜的滋味。茶黄素和茶红素的含量和比例是发酵程度的重要生化指标。

无论采用哪种发酵方法，都必须满足茶多酚酶性氧化反应所需要的温度、湿度和氧气量，通常发酵最适温度为 25℃，空气相对湿度为 90%以上，耗氧量为 4～5 L/（kg·h）。通气发酵设备能够控制发酵进程，提高红茶品质。发酵程度的掌握受内因和外因等多种因素的影响，内因包括品种、嫩度、含水量、揉捻程度、叶片破碎度等，外因包括温度、湿度、通气量、摊叶厚度等。一般情况下，工夫红茶稍重，红碎茶稍轻；春茶稍重，夏、秋茶稍轻。

观察叶色与嗅香气是检验发酵程度的主要方法，通常白天以看叶色为主，夜间以嗅香气为主，两者结合。发酵适度，立即上烘，固定品质。

六、做青

做青包括摇青和晾青两部分，是形成乌龙茶特有品质特征、奠定乌龙茶香气滋味的基础。做青的目的是使鲜叶水分在萎凋过程中逐渐蒸发，控制生物化学变化，随着摇青的进行，叶片互相碰撞摩擦，造成叶缘部分组织损伤，使空气易于进入叶肉组织，促进茶多酚的氧化，从而引起复杂的化学变化，形成乌龙茶特有的汤色、香气和滋味。

做青时，必须使叶片的物理变化和化学变化得到均衡发展，才能促使叶片中心为绿色、叶缘良好地发酵变红，通常称为绿叶红镶边。通常萎凋是以物理变化为主，化学变化主要在摇青和晾青过程发生。主要表现为茎梗里的水分通过叶脉往叶片输送，梗里的香味物质随着水分向叶片转移，叶片水分继续蒸发，化学变化伴随着水分蒸发同时进行，绿色逐渐减退，边缘部位逐渐变红。经过 4～5 次摇青和晾青的交替进行，完成做青过程。

摇青应掌握循序渐进，转数由少到多，用力先轻后重，摇后摊叶先薄后厚的原则。晾青时间先短后长，发酵程度由短渐长。可根据产地、品种、鲜叶、季节、气候、晒青程度等具体情况灵活掌握做青工艺。做青时保持温度 25℃左右，空气相对湿度 80%左右。若温度较高，做青时间要适当缩短。在高温高湿天气要薄摊轻摇。对叶质肥厚、水分多的叶子，要多次轻摇。易红变的品种要少摇多晾。

做青的适宜程度可以通过“一摸、二看、三闻”来掌握。“一摸”是摸叶片，外观硬挺，柔软如棉，有温手感为适度；“二看”是看叶色，叶脉透明，叶缘及叶尖呈红色，叶表出现红点，整体叶色由鲜绿转为暗绿、黄绿、淡绿为适度；“三闻”是闻香气，在工艺过程中青草气逐渐消退，散发出浓郁的花香。

七、闷黄

闷黄在杀青之后进行，是形成黄茶品质的重要工序。由于各种黄茶的品质风格不同，闷黄的先后也有所不同，可分为两种：一种是湿坯闷黄，在杀青后或揉捻后进行；另一种是干坯闷黄，在初烘后进行。虽然各种黄茶堆积闷黄先后不同，方式方法各不相同，时间长短不一，但都要达到茶黄汤、黄叶、香气清锐、滋味醇厚的效果。

闷黄过程中发挥主导作用的是湿热作用下闷堆叶内发生的化学变化。主要包括：

（1）在湿热作用下分解和转化叶绿素，减少绿色物质，显露黄色物质；转化糖及氨基酸，增加挥发性醛类，形成黄茶芳香物质。

（2）茶多酚非酶性氧化，保存较多的可溶性多酚类化合物含量，提高茶叶的香气和滋味。在堆积闷黄过程中，这些变化综合形成了黄茶特有的色、香、味等品质特征。

八、干燥

在茶叶加工过程中，干燥是各种茶叶加工的最后一道工序，也是决定茶叶品质的重要因素之一，不容忽视。干燥的主要作用是除去茶叶中的水分，使茶叶含水量降至5%左右；破坏酶的活性，阻止酶促氧化反应的进行；随着水分的逐渐蒸发，增加茶叶湿坯的可塑性，形成各种茶类特定的外形；利用不同的干燥加热方法，促进叶内的热化学变化；使茶叶产生香气，形成各种茶叶的香味风格。

茶叶干燥的方法很多，炒干和烘干是目前主要使用的两种。炒干可分为锅炒炒干和滚筒炒干，烘干可分为烘笼烘干和烘干机烘干。不同种类的名优茶，采用的干燥方法也不相同。红茶和烘青型的名优茶都采用烘干法，一般两次干燥，中间摊凉；炒青型的名优茶在锅内同时进行造型和干燥，造型完成，则干燥结束；半烘炒的名优茶烘炒结合，通常是先炒后烘，大多采用一次干燥。

温度、叶量、通风量、翻动等是茶叶干燥过程的主要工艺因素，其中温度是主要因素。为达到最佳的干燥效果，应合理调节各工艺因素之间的关系，随着名优茶的种类、嫩度、叶量、含水量的变化灵活掌握。通常情况下，温度先高后低，叶量先少后多。如果茶叶的含水量较高，则温度要高、叶量应少。

干燥以适度为原则，干燥过度，容易出现泡点、高火味或焦味；反之，干燥不足，毛茶含水量过高，容易发霉变质。干燥的标准是：手握茶有沙沙声，用手指捏茶成粉末状，梗子一折就断，含水量掌握在4.5%～5.0%。为避免受潮，毛茶经干燥适当摊凉后，应及时装袋入库。

各个制茶工序合理组合，控制工艺因素的指标，就形成了各类名优茶独特的品质特征。

第三节　沂蒙绿茶加工技术

从20世纪70年代至今，临沂绿茶加工经历了从普通炒青绿茶到名优绿茶，从完全的手工炒制名优绿茶到手机兼制、完全机制名优绿茶的演变过程，加工技术也日趋完善和成熟。

在获得优质高档鲜叶原料的基础上，根据茶树鲜叶的适制性研制开发不同类型绿茶。以蒙山松针、沂蒙翠剑和云蒙碧芽三种绿茶为例探讨沂蒙绿茶手工及机械炒制技术。这三种茶均属绿茶范畴，其加工技术可归结为摊放→杀青→做形→干燥四个主要环节。其中做形因茶而异，差别较大，与炒制手法的熟练程度密切相关；干燥的操作技术性不强，易于掌握；摊放与杀青两项技术对成品茶品质影响较大。

一、蒙山松针

品质特征：毛峰形茶，外形细紧挺秀似松针、绿润多毫，香气鲜嫩，滋味鲜醇甘和，汤色嫩绿、清澈明亮，叶底全芽、嫩绿明亮。

加工工艺为：鲜叶摊放→杀青→揉捻→初干→理条→提毫→足干。

适制品种为芽壮、叶小、多毫的中小叶茶树品种。原料标准为一芽一叶初展至一芽二叶初展鲜叶，要求不带病虫叶、鱼叶、紫芽、冻芽、单片、鳞片及其他非茶类夹杂物。

摊放时一般将鲜叶薄摊在竹簸或篾垫，以及干净的水泥地面上，摊叶厚度为 2～4 cm，雨水叶须先将表面水分用脱水机除去，然后薄摊。为加快水分蒸发，可用电扇吹微风；高山茶的摊青时间应适当延长一些，以提高成品茶品质。

（一）杀青

选用 30 型滚筒连续杀青机。杀青时间长短可通过滚筒倾斜度来调节，倾斜度越大，杀青时间越短；倾斜度越小，杀青时间越长。在杀青适宜的温度下，筒体最佳倾斜度约为 1.6°。此时，手轮一端离地面高 8 cm 左右，出叶口一端离地面高 4 cm 左右（仅供参考）。先接通加热电源，启动电机使筒体转动。开机应进行预热，可空转 15～30 min，同时通过手轮丝杆调整好滚筒倾角，将杀青时间调控在适宜时间之内，待筒体温度达到 120℃左右时，手工投叶。为避免焦叶，开始时要多投鲜叶，随后均匀投叶。杀青要求投叶量稳定，火温均匀，以保证杀青质量一致。

（二）摊晾

通常采用自然薄摊晾。有利于翠绿的形成，最好辅助电风扇吹风，以快速冷却摊晾。

（三）揉捻

将杀青后经摊凉的杀青叶，投入揉捻机内。投叶后先无压揉 3 min，然后轻压揉 2～3 min，取后无压揉 1～2 min。揉捻时间既不能过短，也不能过长。过短，茶条松泡，成形率低；过长，茶汁外溢过多，影响色泽与显毫，尤其杀青后的初揉时间宜短，加压宜轻。因此，揉时要适度。对于高山茶而言，轻揉捻或不揉捻（如加工自然舒展的直条形和扁形茶等）有利于保证绿茶类名茶翠绿多毫的色泽。

（四）毛火初干

当热风炉外壁烧至有明显烫手感时，开动鼓风机送热风，待烘干顶层温度达 130～140℃时，手工投叶，以均匀薄摊至还能看见少量网眼为宜。毛火应采取快速烘焙，将烘干机调到最快转速，待烘到干度适度后下烘摊凉。为避免叶色闷黄，摊晾时不能堆积，宜薄摊。含水量较大的揉捻叶炒二青时，容易出现巴锅和色泽黑变等现象，毛火初烘可以有效克服此类弊端。

（五）理条

接通电源后，先让理条机空载运行约 30 min，升温后在槽锅上均匀涂擦制茶专用油，使其光滑，待锅温上升到约 120℃时投入 1 kg 左右的初烘叶，使其在槽中往复滚炒。可配置一台小型甩风扇，不断将微风送入槽中，以加速水蒸气散发，促进茶叶色泽翠绿。炒至上述程度时出锅摊凉。

（六）提毫提香

提毫提香通常采用手工在电炒锅内提毫、在烘笼上慢烘提香和用微型烘干机或足火提香机直接烘至足干三种方法，是蒙山松针香气形成的重要工序。上烘温度约 90℃，摊叶比毛火略厚，烘干时间也比毛火要长。如果揉捻叶不打毛火而直接进行理条，理条后的烘干可分两次进行，第一次为初烘：当热风温度达 120～140℃时，把理条叶均匀薄摊在烘网上。烘至茶叶有触手感为适度，初烘后摊凉回潮。第二次为足烘：热风温度掌握到 70～90℃，上烘叶摊叶厚度可略厚于初烘，厚薄应均匀一致，烘至手捻茶叶成粉时下烘。

二、沂蒙翠剑

品质特征：外形扁平、光滑、匀直，香气清高馥郁，汤色嫩绿、清澈明亮，滋味浓醇鲜爽，叶底幼嫩成朵、嫩绿明亮。

鲜叶原料为一芽一叶初展以及独芽。鲜叶摊放与毛峰形茶相同，但应掌握“嫩叶长摊，中档叶短摊，低档叶少摊”的原则，即中低档叶的摊放厚度比高档叶适当增加，但要相应缩短摊放时间，减小失重率。

（一）杀青

使用槽式多用机杀青，开通多用机电流，先进行 10～25 min 预热。当锅温灼手时，将适量的制茶专用油擦抹在槽面上，以改善茶叶色泽和外形，然后用布擦净锅面。开动机器，快速振动槽锅

（往复速度控制在每分钟 120～130 次）空转 1 min 左右，然后投叶入锅。鲜叶入锅时，应有“噼啪”的爆鸣声，并使每槽投叶量均匀一致。在温度和投叶量都适宜的情况下，杀青 3～4 min，中途手工辅助透翻 2 次。为避免锅底茶叶偏老或产生焦边，起锅出叶时应动作迅速。及时将出锅杀青叶摊开，经摊晾约 30 min 时间，以使其自然降温并散失水分。滚筒杀青机械的杀青方式与毛峰形茶相同。

（二）理条整形

理条整形是继续失水和形成扁紧外形的关键工序。该工序操作时，不仅要合理掌握温度和投叶量，而且要正确运用加压棒。先将电机启动，使机器正常运转，然后接通加热电源升温，在锅温升至 70℃左右时下叶。槽锅采用中速往复运动，其频率调到每分钟 110～120 次。杀青叶下锅后先抛炒约 1 min，待叶质转软后加入轻压棒，为防止茶条跳出槽外，可盖上网盖，加网盖不利于水蒸气的及时散发，对色泽有一定影响，因此只要茶条不跳出，可不加网盖，压炒 1 min 左右，加压时速度调到慢档，即运动频率为每分钟 80～100 次，取出压棒继续抛炒 1～2 min。待芽叶表面水分基本干时，再投入轻棒并盖上网盖，压炒 4～6 min。当芽叶外形基本扁平紧直、达七成干时，将压棒取出，再抛炒 1 min 左右即可起锅出叶。

（三）辉锅炒干

整形叶投入辉锅，每槽投叶量为 0.2～0.3 kg。辉锅采用低温、慢速方式，机器往复速度每分钟 90～100 次。叶下锅后先抛炒 1 min 左右，待叶温上升，叶张转软后，加入轻棒并盖上网盖，炒 1～2 min，加压时机器往复速度为每分钟 80 次。然后取出压棒抛炒 1 min 左右，待叶子有触手感时加入重棒，盖上网盖，压炒 5～8 min。在槽底出现末子时将压棒取出，再抛炒至足干后出锅。

如果整形叶过于扁平，不够紧直，开叉较多时，应在机器辉锅至八九成干的基础上再辅以手工辉锅，灵活运用抓、扣、磨等手法，将茶条收紧、磨光，以达到扁平、光滑、紧直的标准。

三、云蒙碧芽

品质特征：卷曲形茶，外形细紧卷曲、翠绿鲜明、油润多毫，香气清高鲜爽，滋味鲜醇甘爽，汤色嫩绿、清澈明亮，叶底细嫩成朵、嫩绿明亮。

加工工艺为：鲜叶摊放→杀青→初揉→初烘→复揉（或炒干整形）→足火。

适制品种为芽肥壮、叶片薄、色黄绿、节间短、芽叶柔软而多茸毛的茶树品种。鲜叶摊放与毛峰形茶相同。

（一）杀青

与毛峰形茶相同。

（二）初揉

与毛峰形茶揉捻相同。

（三）初烘

利用小型自动烘干机，采用薄摊快烘的方法。进风气温掌握在130～140℃。中小叶种烘干时间为3～4 min，大叶种为5～6 min，失重率掌握在30%～40%，此时再制叶的含水量为30%左右。从烘干机出来的叶子应立即摊晾散热，冷却后回潮15～20 min。

（四）复揉及炒干整形

复揉的适度要求是揉捻叶润滑黏手，完整少断碎，色绿无闷气。可采用25型或30型名茶揉捻机，投叶后先空揉3～5 min，再轻压揉5～7 min，直至将茶条揉紧揉细。假如只揉一次，即不经过复揉，可采用炒干整形。可选用双锅曲毫炒干机，其炒制方法：当锅温升至140～150℃时，启动炒手板并将初烘叶投入锅内。单锅投叶量可根据初烘叶含水率灵活掌握，一般为3.5～4.5 kg。炒至茶胚有烫手感（叶温约60℃）、手握柔软如棉时，调大炒手摆幅并将锅温降低。炒3～5 min后转入整形炒制阶段，将锅温稳定为70～80℃。整形炒制靠炒手板与球面锅的作用，边失水边整形，使茶坯卷曲收紧成卷曲状，一般需要60～65 min。待外形基本固定、含水率降至13%～15%后，调小炒手摆幅，降温至50～60℃续炒

4～6 min，接着升温出锅，出锅叶含水率 10%～12%。出锅后进行过筛去末。

（五）足火

采用 6CH-941 型碧螺春烘干机、6CH-901 型碧螺春烘干机。温度应控制在 60～70℃。烘干时及时翻动，待茶叶含水率在 5%～6%，烘干至手捻茶叶成碎末即可下烘摊凉。

第四节　沂蒙乌龙茶加工技术

沂蒙茶区自“南茶北引”以来，主要以生产、加工绿茶为主，随着人们生活水平的不断提高和产品消费需求的多元化，茶叶的其他种类越来越受到消费者的青睐，尤其是半发酵特性而产生独特香气、特殊滋味的乌龙茶，因对肠胃的刺激性显著小于绿茶，非常适合人们秋冬季节饮用。

乌龙茶在原料选择上以一芽三叶为主，这种成熟鲜叶叶片内部结构完善，叶绿体、类胡萝卜素含量增加；叶肉细胞分化，叶绿体片层清晰并具有一个至多个巨型淀粉粒，随着淀粉粒的扩大，基质充满淀粉，形成造粉体；在较成熟的叶片中脂类颗粒增多，这在一芽一叶中是没有的，这些能溶于乙醚的脂类物质和大量淀粉，是沂蒙乌龙茶形成浓郁香气和醇厚滋味的物质基础。

乌龙茶的制作过程分为：萎凋、做青、炒青（杀青）、揉捻、干燥。其品质形成与此过程中水分减少所伴随的变化及加工技术措施的掌握密切相关。

一、萎凋

乌龙茶的凉青、晒青即是萎凋。通过萎凋使部分水分散发，叶子制性提高，使于后续工序进行；同时酶的活性伴随着失水过程增强，散发部分青草气，有利于香气透露。萎凋方式包括日光萎凋，室内自然萎凋、加温萎凋和人控条件萎凋等。乌龙茶的萎凋与红茶的萎凋不同。红茶萎凋不但失水程度大，而且分开进行萎凋、揉捻、发酵等工序。乌龙茶的萎凋与发酵工序相互配合进行。通过萎凋过程中的水分变化，控制叶片内物质适度转化，达到适宜的发酵程度。

晒青即日光萎凋，是沂蒙乌龙茶进行萎凋的关键工艺之一，利用大自然的光能与热能促进叶片水分蒸发，使鲜叶在短时间内失水，提高叶细胞基质浓度，促进酶的活性，加速鲜叶内含物质的化学变化，散除青草气。晒青不足或未经晒青的青叶，黄酮类化合物、儿茶素氧化程度低，茶汤色泽泛青；晒青过度，部分叶面红变。晒青可设晒青架、竹筛、竹席，或用水泥地，将鲜叶均匀摊放在上面，厚度以叶片互相不重叠为宜。晒青时间短则 10 min，长则 1 h左右。晒青过程中，适当翻拌叶子 1～2 次。晒青适度的标准为叶片失去光泽，叶色较暗绿，顶叶下垂，梗弯而不断，手捏略感弹性。

凉青是室内自然萎凋的方式之一，常与晒青结合进行。它的作用有 3 个：一是使鲜叶热气散发，叶梗内水分重新分布，恢复到接近晒青前的状态；二是通过晒青水分蒸发的速度，调节晒青时间，对保持晒青质量有利，方便连续制茶；三是晒青时叶子失水程度不足的情况下，起到补足失水量的作用。凉青适度的标准是嫩梗青绿、叶态恢复到接近晒青前的状态。

阴雨天或傍晚采回的鲜叶，由于无法晒青，可采用加温萎凋，俗称“熏青”或“烘青”。加温萎凋有两种：一是萎凋槽内用鼓风机送入 38℃以下的热风，风量宜大，叶温最好不超过 30℃，摊叶厚度为 15～20 cm，时间约 1 h，并每隔 10～15 min 翻动一次；二是烘青房内上层铺设有孔竹席，每平方米摊叶 2～2.5 kg，温度不超过 38℃，需 1.5～2.5 h，期间进行 1～2 次翻动。烘青时间根据摊叶厚度和温度等情况灵活掌握。

萎凋是乌龙茶制作的重要措施之一，对乌龙茶香气和滋味的形成有重要作用。操作时应做到：

1. 晒青时间与场所应选择好 宜在日光缓弱斜射，场地通风的环境下进行。不宜在烈日下晒青，以防日光灼伤鲜叶发生红变和死青。晒青时，鲜叶应均匀薄摊。

上午采回的“露水青”鲜叶，宜在上午10点左右凉青，直至叶表新鲜无水分。下午3点左右晒青，或者与下午所采的鲜叶一起晒青。下午采回的鲜叶，晒青要在凉青散热后进行。下午4点以后采回的“晚青”鲜叶，假如当天无法晒青，可凉青后直接进行摇青。

2. 看天晒青 根据季节、天气等不同情况决定晒青的时间和程度。春茶期间由于气温较低，鲜叶含水量较高，晒青时间应比夏茶略长。夏季鲜叶叶片失水率已达加工要求，不可晒青或以凉青代晒。干燥的“北风天”，晒青程度宜重；闷热的“南风天”，晒青程度应轻。

3. 看种晒青 应根据不同茶树品种的物理特性决定晒青的时间和程度。叶子肥厚的品种，晒青程度宜重；叶子较薄的品种，晒青程度宜轻。

4. 看数量晒青 为方便后续工序的进行，当天第一批原料一般晒青时间较短，第二批稍长，第三批更长，以调节几批鲜叶含水量的失水程度，使其含水量接近。

5. 动作要轻 在萎凋和晒青过程中，翻拌鲜叶的动作要轻，以防叶面被机械损伤导致水分渗透的通道中断。

6. 萎凋程度宜轻勿重 萎凋过度，鲜叶失水过度叶子紧贴筛面，部分幼芽叶泛红起皱，成茶青条多，味苦涩，色、香、味、汤等品质特性较差。

二、做青

做青，又称摇青，是形成乌龙茶特殊的香气和绿叶红镶边的重要工序，是决定沂蒙乌龙茶品质的关键。做青是摇青、晾青多次反复交替进行的作业过程，能有效控制鲜叶水分的变化和酶性氧化变化。以鲜叶呈黄绿色，叶缘微有红镶边，花果香显露，失水率20%～25%为宜。

做青的作用：一是传输水分和养分。做青是摇青、凉青多次交替反复的工艺过程，做青过程中茶梢发生的生理过程比较复杂。水作为溶媒和溶剂，在传输的同时也带动了养分的传输，牵动一系列叶内反应。二是形成香味。水分参与各种生理过程和生化反应。引起叶水势变化的内在原因主要是细胞液浓度的变化，生化反应中的吸水反应和放水反应不时地改变水分浓度，多酚类物质的氧化还原，抗坏血酸的氧化反应，一些香气物质的形成。摇青程度的轻重直接影响着发酵程度，造成香气成分的明显差异。

做青时，将经晒青的鲜叶放在摇青机中，进行第一次摇；摇动一定次数后，把鲜叶摊放在凉青架凉青，静置一定时间后，进行第二次摇。如此反复摇青 4～5 次不等，逐渐增加每次摇的转数、静置时间和摊叶厚度。摇动时，叶缘细胞因叶片互相碰撞而擦伤，从而促进酶促氧化作用。摇动后，叶片由软变硬。再摊晾一段时间，氧化作用相对放缓，叶柄叶脉中的水分慢慢扩散至叶片，使鲜叶又逐渐膨胀，恢复弹性。经过几次有规律的变化过程，一系列生物化学变化在叶子内发生：叶缘细胞被破坏，发生轻度氧化，叶片边缘部分呈现红色，中央部分的叶色则由暗绿转变为黄绿，形成所谓的“绿叶红镶边”。同时，随着叶面水分和水溶性物质在输导组织的作用下渗透、运转至叶面，水分从叶面蒸发，水溶性物质则积累在叶片内，促进香气、滋味的进一步发展。摇青应掌握以下几点：

1. 控制摇青过程的环境条件　摇青应在摇青室内进行。摇青室应避免阳光直射，保持空气相对静止，温湿度控制在一定范围内。生产中，如果温度低于 20℃时要采取加温措施，湿度低于 80%时要洒水增湿。温度过低，容易造成做青不均匀、叶底发暗，无法达到乌龙茶的红边要求。但温湿度也不能过高，否则多酚类化合物氧化太快而无法除尽水分，芳香物质不能随水分扩散而挥发，青草气尚留，碳水化合物也不能转化达到理想的程度，即无法控制各种化学成分发生协调变化，导致成品茶叶增多，叶底暗绿，香气不高而带有青味，汤色浑浊，滋味苦涩。

2. 摇青要“循序渐进”　转数逐渐增多，用力逐渐加重，摇后摊叶厚度渐渐加厚，凉青时间渐渐增长，发酵程度渐渐加深。在历时 8～10 h 的时间内，有控制地进行。例如，第一次摇 90～120 转，第二次摇 200～250 转，第三次摇 400～600 转，第四次摇 500～800 转。第一次摊晾时间约 1.5 h，第二次摊晾时间 2～2.5 h，第三次摊晾时间 3～4 h，第四次摊晾时间 4～5 h。

3. 掌握"看青摇青"的原则 即根据茶树品种、季节、晒青程度等灵活掌握。

（1）根据茶树品种。叶片肥厚的品种多摇、轻摇；叶片薄的品种，应少晒，多摇、轻摇；青味重、易红变的品种，应少摇、多晒。

（2）根据鲜叶嫩度。较幼嫩鲜叶含水量多，晒青程度宜重，摇青转数宜少。较粗老的鲜叶，晒青程度宜轻，摇青转数宜多。

（3）根据晒青程度。以"轻晒重摇"和"重晒轻摇"为原则。鲜叶晒青程度不足时，应减少摇青次数，增加摇青转数，延长摇青间隔时间。对于晒青程度较足的鲜叶，为避免出现红梗红叶，第一次摇青转数宜少。

（4）根据季节和天气状况。气温低、湿度大的春茶期间，宜重摇；气温高的夏茶期间，宜轻摇。

此外，摇青时动作要轻，以免造成叶脉折断，水分及干物质的运输受阻，从而使折断处多酚化合物先期氧化，形成不规则的红变，影响成茶品质。

三、炒青（杀青）

炒青（杀青）的功用与绿茶的杀青一样，当 20%的做青叶叶缘呈现暗红、叶面黄绿、叶缘背卷呈汤匙状、外观挺硬，叶片手摸柔软如绸，散发出桂花香气时即可杀青。炒青主要是抑制鲜叶中酶的活性，控制氧化进程，防止叶子继续红变，固定做青形成的品质，是乌龙茶初制的一项转折性工序；其次，将低沸点青草气物质挥发和转化，形成馥郁的茶香。在此过程中，部分叶绿素被湿热作用破坏，叶片黄绿而亮。同时可造成一部分水分挥发，使叶子柔软，便于揉捻。

常使用滚筒式杀青机炒青5～7 min。乌龙茶炒青适度的标准是，叶子含水量64%～65%，叶面略皱，叶缘卷曲，叶梗柔软，手捏有黏性而无光泽，叶色黄绿，青气消失，散发清香。

四、揉捻

揉捻是指趁热反复搓揉炒青后的叶子，使叶片由片状卷成条索，形成乌龙茶所需要的外形。同时，破碎叶细胞，挤出茶汁，黏附叶表，使冲泡时易溶于水，以增浓茶汤。用揉捻机揉捻，时间为8 min左右。在揉捻过程中，加压应“轻、重、轻”。揉好的叶子要及时烘焙，假如来不及烘焙，应摊晾而不宜堆积。特别是夏茶，如果堆积过久，容易闷黄。

五、干燥

为蒸发水分和软化叶子，乌龙茶干燥都是以烘焙的方式进行。用烘干机干燥时，毛火温度160～180℃，摊叶厚度4～5 cm。毛火经1～2 h的摊晾，再足火。烘干机足火的温度约为120℃，摊叶厚度以2～3 cm为宜，中速运转18 min左右。

第五节　沂蒙红茶加工技术

北方优质绿茶以春、秋季绿茶为主，夏茶质劣价低，一些茶厂选择不生产夏茶，导致这一时期茶树鲜叶价格偏低，严重影响了茶农的收入，同时也降低了茶叶企业的经济效益。与南方茶相比，沂蒙茶区夏茶原料较优，占比大，利用夏季原料加工其他茶类能提高茶农收入和企业效益，十分必要。红茶为全发酵茶，在加工过程中多酚类等苦涩味物质分解使滋味醇和爽口，利用夏季鲜叶加工红茶不仅可以提高茶叶品质和价格，提高经济效益，还可以增加沂蒙茶区茶类的多样性。

一、鲜叶的采摘

制作沂蒙红茶的茶树品种多为福鼎大白、黄山群体树种等。采摘鲜叶时，按原料精粗分开采摘，分级制造，不但能大大提高生产效率，而且能保证成茶品质的一致性。采摘时间最好在上午 10 点至下午 4 点之间，不采露水叶和雨水叶，采摘的叶片老嫩程度必须一致。细嫩的鲜叶，叶质肥厚软嫩，内含物含量高，纤维素含量少，制成的红毛茶，色泽纯润，条索紧结，香气浓爽鲜醇，汤色红亮，叶底红匀；粗老的鲜叶，纤维素含量高，叶粗硬，制成的红毛茶条索粗松，色泽枯黄，香气平和，叶底硬暗。鲜叶的采摘标准一般为一芽一叶或一芽二、三叶，芽尖较小，糖类含量较高，多酚类含量较少，有利于茶汤滋味的形成。同时，茶叶的季节性很强，茶鲜叶的品质会随着自然条件的变化而有所差异。因此，茶叶的采摘时机也是决定红茶品质的先决条件。

二、茶叶加工

红茶的加工工艺主要包括萎凋、揉捻、发酵、干燥四个工序。

（一）萎凋

萎凋是红茶加工的基础程序，是鲜叶失水的过程，同时伴随着高分子物质的降解、次生物质的形成，积累了大量滋味、香气前体物质，为发酵工艺奠定了必要的物质基础。常受温度、时间、摊放厚度等因素的影响。

除传统室内自然萎凋、日光萎凋和萎凋槽萎凋外，近年来，冷冻萎凋被引入红茶制作中，研究表明冷冻萎凋可增加细胞膜透性，缩短发酵时间，提高茶红素、茶黄素和水浸出物的含量，能很好地改善工夫红茶的品质。

萎凋鲜叶摊放厚度为 15～18 cm，当室内温度 22～32℃、萎凋叶含水量 55%～65%时，自然萎凋时间以 16～24 h 为宜；日光萎凋鲜叶经 90 min 左右，达到萎凋适度。可见采用日光萎凋的鲜叶，大大缩短了萎凋时间，但由于鲜叶在较短时间内发生变化太快，要不断勤翻，生产中不易掌握。萎凋适度的标志是鲜叶失去原有光泽、挺硬、呈暗淡绿色，手捏叶片有柔软感，无摩擦响声，手执叶柄芽叶下垂，不易折断，手捏成团不易散开，青气大减散发清香，透出萎凋叶特有的清香，鲜叶减重率40%左右。

（二）揉捻

揉捻是工夫红茶塑造外形和形成内质的重要工序，萎凋叶经揉捻后，叶细胞损伤，叶汁外溢，加速多酚类化合物的酶促氧化，为形成红茶特有的内质奠定基础。揉捻使叶片卷成竖直条索，体型缩小，外形美观；揉后茶汁溢聚叶表，干燥后乌润有光泽，冲泡时易溶于水，增加茶汤浓度。

揉捻分2次进行。揉捻转速以50～60转/min为宜。如转速过快，紧结度差，叶片易形成团块、扁条；转速过慢，茶叶翻转不良，揉时延长导致茶叶香低味淡，汤色和叶底红暗。揉捻一般掌握“轻重轻”的加压原则。开始揉捻不加压，使叶片初步成条，而后逐步加压卷成条，快结束时减压，以解散团块，收紧茶条，回收茶汁。揉捻程度为细胞破碎率达80%以上，茶叶成条率90%以上，条索紧卷，茶汁充分外溢，用手紧握时，茶汁能从指间挤出。

（三）发酵

适宜的环境条件下，叶子发酵充分，增强酶的活化程度，促进多酚类化合物的氧化缩合，形成红茶特有的色泽和滋味，减少青涩气味，并发生浓郁的香气。发酵是绿叶红变的主要过程，形成红茶色香味的关键。从发酵叶的表征变化规律，来判断发酵程度比较困难。必须在生产实践中，不断积累丰富的经验，适时地掌握发酵适度表征，才能获得优良品质的红茶。发酵不足：香气不纯、带香气，冲泡后汤色欠红、泛青色，味青涩，叶底花青。发酵过度：香气低闷，冲泡后汤色红暗而浑浊，滋味平淡，叶底红暗多乌条。发酵适度：颜色主体呈红褐色夹带暗绿色，青臭味消失，有果香、清香溢出，可以采用直接冲泡发酵叶进行审评的方法来鉴别。

发酵室要求温度适宜，临沂茶区一般为22～28℃，相对湿度95%以上，空气新鲜供氧充足。发酵时间与叶子老嫩、整碎、揉捻程度和季节、发酵室温度、湿度都有密切关系，发酵时间从揉捻算起，夏秋茶需2.0～4.5 h。夏季自然条件下，茶坯达到发酵适度时间缩短至90 min左右，但茶坯易发酵不均匀，降低了红茶品质。因此夏季红茶发酵过程中，要适时翻拌茶坯，使其混合均匀，达到充分发酵的目的。要获得高品质沂蒙红茶，尽量采取恒温恒湿发酵。

（四）干燥

干燥是利用高温破坏霉的活性，停止发酵，固定萎凋、揉捻，特别是发酵所形成的品质。同时能继续发散青臭气，进一步发展茶叶香气，蒸发使含水量降低到6%左右，紧缩茶条，防止霉变，便于贮运。干燥时间受温度、鲜叶老嫩度、叶层厚度等影响。温度高则时间短；温度低则时间长。因此，操作上采取“高温烘干，先高后低”的原则多次干燥，在两次干燥中间进行适当摊晾。

红茶烘干一般分两次，初烘阶段与再烘阶段。采用连续烘干机或者手拉式百叶烘干机进行，第一次初烘阶段温度110～130℃，使茶叶含水量降至20%～25%，厚度2.0 cm，炒干10～25 min，达到8成干时下烘，摊晾30 min；第二次再烘阶段温度70～95℃，厚度3.0～4.0 cm，时间6 0～90 min，烘足干为止。烘干程度要适当，初烘适度的叶子，手捏稍有刺手，但叶面软有强性折梗不断，含水量20%～25%；再烘适度的叶子，条索紧结，手捻成末，色泽乌润，香气浓烈，含水量6%左右。

第六节　沂蒙黄茶加工技术

沂蒙产区素有畅饮黄大茶的历史。黄大茶又称大叶子茶、老干烘，俗称大把抓，产于安徽省霍山、金寨、六安、岳西等地，创制于明隆庆年间，遂传入山东，距今已有四百多年的生产历史。其叶大、梗长、汤色浓重，具有强烈的老火香，自古便是临沂人喜好的饮品，亦是人们走亲访友的馈赠佳品。其色香味独特、性和不寒、汤色橙黄清澈、回味甘醇悠长。它普通廉价，苦中带涩，夏天败火解渴最过瘾，亦是沂蒙山区羊肉馆茶叶首选。同时黄大茶具有药物作用，饮之有消垢腻、去积滞的作用，可养胃，可治轻微感冒，帮助消化，具有提神、解乏、解酒、止渴、解腻等功效。沂蒙黄茶是以临沂境内的优质茶树鲜叶为原料，按照具有地方特色的黄茶加工工艺制作而成，具有“茶汤纯黄、汤色透明鲜亮、滋味醇厚甜爽、耐冲泡、高火香”的品质特征。沂蒙黄茶的加工工艺：鲜叶采摘→摊晾→杀青→揉捻与理条→初烘→闷黄→复烘。

（一）鲜叶采摘

鲜叶的采摘标准关系着茶制品的质量和等级，一般按加工要求采摘，鲜叶质量要求无红变、无异味、无污染、无杂质、无病虫危害，用于同批次加工的鲜叶，其嫩度、匀度、净度、新鲜度应基本一致。采摘时一般采取提采技术，保持芽叶完整、匀净，不夹带鳞片、茶果与老枝叶。沂蒙黄茶按照鲜叶采摘标准可分为沂蒙黄芽茶（单芽、一芽一叶初展至一芽一叶，一芽一叶初展大于等于70%以上）、沂蒙黄小茶（一芽一叶至一芽二叶初展为主，含一芽一叶大于等于60%）和沂蒙黄大茶（一芽二叶至一芽三、四、五叶和同等嫩度的对夹叶）。

（二）摊晾

鲜叶到加工厂后，立即摊晾在摊晾架上，厚度不超过5 cm，摊放6～8 h，中间可轻翻轻拌，当鲜叶含水量达68%～70%，开始透发清香时，即可进入杀青阶段。未经摊放处理的黄茶黄变不充分，香气较低，有涩味，适度摊晾萎凋有利于黄茶品质的形成，黄茶色泽、香气、滋味均较好。

（三）杀青

可运用电炒锅或滚筒杀青机、微波杀青机进行杀青，杀青锅温较绿茶锅温低，一般为120～150℃，先高后低（80℃），5 min之内完成。杀青采用多闷少抖，造成高温湿热条件，使叶绿素受到较多破坏，多酚氧化酶、过氧化物酶失去活性，多酚类化合物在湿热条件下发生氧化和异构化，为形成黄茶醇厚滋味及黄色创造条件。炒到芽蒂微软，青气消失，发出茶香，减重率达 30%左右时，即可起锅。

（四）揉捻与理条

黄芽茶可不揉捻，黄小茶和黄大茶可采用轻揉的方法，使茶汁溢出，叶片的柔软性、可塑性及黏性增加，利于成型。揉捻力度大会破坏叶片的完整性，同时茶汁过多易产生水闷味和涩味，降低茶叶品质。揉捻后运用多功能理条机或手工炒干机理条。

（五）初烘

用烘笼烘焙，温度应控制在 120℃左右，每隔 2～3 min 翻烘一次。烘 30 min，到七八成干，有刺手感觉，折之梗皮连，即为适度。下烘后摊放 2～3 min。

（六）闷黄

闷黄是形成黄茶品质的关键工序，对黄茶的黄汤、黄叶及醇厚鲜爽滋味品质的形成至关重要，沂蒙黄茶加工采取湿坯闷黄和干坯闷黄相结合，湿坯闷黄结合杀青进行，采用多闷少抖的方法趁热堆积，杀青时增加 1～2 min 促使茶坯在湿热条件下闷黄；干坯闷黄要求堆温 45～50℃，空气湿度 30%～50%，茶叶含水量 20%～30%，干坯闷黄由于水分少，变化较慢，堆闷时间一般要 48～72 h。也可采取初烘至六七成干初闷 48 h 后复烘至八成干，复闷 24 h，达到黄变要求。

（七）复烘

沂蒙黄茶足火复烘可分拉小火和拉老火两个阶段。拉小火：温度控制在 100℃左右，隔 5～7 min 翻拌一次，烘至九成干，大约 30 min，即可下烘摊 3～5 h，再行拉老火。拉老火温度 130～150℃，烘时要做到勤翻、匀翻、轻翻。烘至足干，茶梗折之即断，茶叶手捻即成粉末，梗心起泡呈菊花状，金黄色，梗有光泽，并发出浓郁的高火香，时间 40～60 min。

不同茶类茶性不同，适合饮用的人群不同，随着人们生活水平的提高，人们对茶类的选择更具个性化，找到一款适合自己的茶叶产品成为许多消费者的期待，根据不同的时间饮用不同的茶类产品也成为一种时尚的养生方式。沂蒙茶区绿茶、红茶、黄茶、乌龙茶等多种茶类生产能更好地满足市场多元化消费需求，有利于市场开拓，提高经济效益。

第九章

茶叶冲泡与品鉴

茶叶的冲泡与鉴赏是一门综合艺术，通过冲泡把茶固有的色、香、味充分发挥出来，要将茶冲泡好也不是易事，需要根据茶的特性，采用不同的冲泡技艺和方法才能达到。沏一杯好茶，细品慢饮，从茶叶的外形和内质体味茶的色、香、味、形及茶的味外之味，从而获得身心的愉悦。

第一节　茶叶冲泡

不同的茶叶，有不同的泡法，就是同一种茶叶，因原料老嫩不同，其泡法也不相同。但是不管何种泡法，有几个环节是共同的，其程序大体相同。

1. 备器　将泡茶的器具及装茶的罐子放在茶几或茶桌上。

2. 煮水　一般是先将烧好的开水装在水壶里，然后放在茗炉上（酒精炉）继续烹煮。现在多将电炉放在桌上，放上水壶直接烧水。如果条件不具备，也可将刚烧开的水装在热水瓶中备用，但在茶艺馆中一般不采用此种方法。

3. 备茶　从茶叶罐中将适量的茶叶倒在茶则里备用，如是高级茗茶，可让品茗者先欣赏一下茶叶的外形和闻香。

4. 烫壶（杯）　先将开水注入茶壶、茶盏，接着烫杯，以提高壶、盏、杯的温度，同时也可使茶具洁净。

5. 置茶　将茶则里的茶叶通过茶漏倒入壶（盏）中，如壶口较小，可使用茶匙将茶则里的茶叶拨入壶中，不能用手直接抓取茶叶。

6. 初泡 将烧好的开水注入壶中，浸泡数秒钟即将茶汤倒入茶海，然后分注茶杯中，再将杯中茶汤倒入水盂。初泡也称做“温润泡”。如果是用紫砂壶，则将茶汤倒在壶的外壁，一来可保温，二来时间长了可使茶壶颜色、外观变得古朴厚润，称为“润壶”。

7. 正泡 将开水再次注入壶中，加盖 30～60 s，即可倾茶汤入杯分敬客人。通常在壶中注水八分满为度，但如果是乌龙茶，则需冲水溢出盖沿外，加盖后还要在壶外淋浇开水，以提高壶温，使茶的香味更加浓郁。

8. 分茶 将壶（盏）中茶汤倾入茶杯，亦以八分满为度。各杯分量、浓淡要求均匀。然后端至客人面前，供其品尝。

第二节 茶叶品鉴

茶的品饮是一门艺术，需要对茶有全面的认识与理解，需要有优雅的品茶环境，特别是对文化名茶的欣赏，更要有较高的鉴赏水平。怎样品饮、鉴赏好茶，是一个要长期体味学习的过程。

沏一杯好茶，细品慢啜，能让人平心静气，消除烦恼，进入宁静优雅的境界。品茶与人们的身心相关，与茶的精神内涵紧密联系。品茶与茶叶的品质评定有差异，是介于具体和抽象之间的一种鉴评，要求品茶人有渊博的文化知识，有一定的鉴赏能力，有充裕的闲暇和高雅的性情。品茶是品茶的色、香、味、形以及茶的味外之味。会喝茶、会品茶是一门学问。

首先，要熟悉各类茶叶的基本品质特征，其次，能较准确地辨别茶叶品质的优次、等级的高低，尤其是后者。由于茶树品种、产地的自然环境、产茶季节、茶叶采摘标准、茶叶加工工艺水平等方面的不同，同一茶叶花色品种就会形成不同的等级，它们之间的品质风格一致，但色、香、味、形不尽相同。显然，沏茶、品茶都需要具备扎实的品茶基本功才行。从白居易的“不寄他人先寄我，应缘我是别茶人”两句诗中，可以看出，从古到今，只有掌握了“别茶”技艺，才能感受到好茶的魅力。随着消费水平的提高，茶文化的普及，品好茶，追求文化品位，已成当前茶叶消费的时尚。掌握基本的茶叶鉴赏方法也就显得尤为重要。

我国古代茶书中，最早论及茶叶品尝鉴赏方法的，是唐代陆羽的《茶经》。《茶经》记载当时鉴别茶叶的方法是用牙齿咀嚼干茶辨别滋味，凭鼻子嗅干茶闻香气。用此法将当时全国茶叶生产区域划分成八大茶区，每一茶区出产的茶叶按品质分上、中、下、又下四级。到宋代时，茶叶鉴赏水平有了很大进步，人们通过注汤分茶、看汤色及闻香品味来综合判断茶叶品质。随着制茶工艺的不断改进，特别是元明以来，散茶制法的日益普及，茶类逐渐增多，茶叶的鉴赏已不仅仅是士大夫阶层的雅趣和选择贡茶的方法，也成为商品茶交换时按质论价的一种客观需要。

茶作为一种饮料被人们所接受、熟悉并喜爱。一杯茶在手，通过细品慢饮，能道出茶叶品质的特点，区分茶叶的优劣，还可增加一份饮茶的情调，这是享受品茶的基本功。有经验的品茶师在短时间内能快速地辨别茶叶色、香、味、形等主要品质特征，因此茶叶品质的感官审评，至今仍为世界大多数国家沿用。对于有较高文化素养的茶人而言，茶叶的沏泡、品尝与鉴赏，不仅需要视觉、嗅觉、味觉和触觉等感官上的体验，而且要用心灵去感悟。品茶就是充分感觉茶的色、香、味、形，获得身心的愉悦，使饮茶活动上升成精神领域的活动。

现代的茶叶评审方法，是从历代茶人对茶叶品质的认识和品尝鉴赏茶叶的经验中形成和发展起来的，而且，随着茶叶科学的发展，人们对茶叶品质特征和形成机理的认识更全面深入，茶叶鉴赏的方法日臻完善，更具科学性和系统性。茶叶鉴赏对茶叶外形的条索、色泽、内质的香气、滋味等，都要做出全面评价，并且各评价项目的评定可以相互印证。这样大大提高了评茶结果的准确性。对于一般茶叶，就是为了区分质量的优劣，而对名优茶而言，就可以更好地欣赏其千姿百态的品质风格，领悟茶中所蕴含的韵味，从而通过品茶来提高茶文化修养。

一、茶的外形鉴赏

名茶有各种不同的形状，似舞蹈艺术，注重体态语言与身体造型。比如铁观音就有“青蒂绿腹蜻蜓头，美如观音重如铁”“乞丐的外形、菩萨的心肠、皇帝的身价”等说法。在茶叶品评中，外形的评价主要是从茶叶形状、色泽、嫩度和净度等方面进行。形状是茶叶的外观表现，很多名茶都有自己特殊的外形，如龙井茶的扁、平、光、直，碧螺春的卷曲成螺，雨花茶的挺直如针。色泽表现茶叶的颜色和光泽，有绿茶的翠绿、深绿、黄绿；黄茶的嫩黄、金黄、褐黄；黑茶的黑褐；红茶的乌黑、棕红、橙红；乌龙茶的砂绿、灰绿、青褐和白茶的银白、灰绿、灰绿带黄等。嫩度和净度主要是评价茶叶的老嫩程度和净杂程度。

茶叶外形既能反映原料的老、嫩，又能判断制茶技术的优劣。外形一般按嫩度、色泽、条形、净度 4 个方面分别评定。

嫩度是决定茶叶品质的基本条件。原料老嫩可反映内含成分的多少和叶质的柔软程度。除乌龙茶要求鲜叶原料应具备一定的成熟度以外，一般而言，只要加工工艺水平一致，嫩度越高的茶叶品质越好。正确评价干茶嫩度，要从以下几点来把握。首先，看白毫多少。一般白毫满披的茶叶，其嫩度都很好。但嫩度好的茶叶不一定白毫就多，因为芽叶中茸毛分布的多寡除与采摘嫩度有关外，很大程度上取决于茶树品种。其次，对条形茶而言，锋苗多少也是判别茶叶嫩度高低的一个重要依据，头尖型的茶条多，表明鲜叶原料中芽头占的比例大，茶叶的嫩度就好。再次，可看茶叶表面的光滑程度，嫩度好的茶叶表面较为光滑油润。茶叶的白毫、锋苗、表面的光滑度都会影响茶叶的美观程度，一般情况下，嫩度越好，则茶叶的外形越美观，香气、滋味也越好，这是茶叶内在美和外在美的和谐统一。

干茶色泽可以反映鲜叶的老嫩和加工好坏，色泽包括色度和光泽度两个方面。色度是指干茶颜色的种类，各类茶叶都有各自对色度的要求，如绿茶一般为绿、墨绿、翠绿、黄绿等；红茶要求乌；乌龙茶要求青褐等。光泽度是指色面的亮暗程度，主要从干茶的润枯、鲜暗、匀杂等方面加以评价，以有光泽、油润的为好。干茶如果色面发枯，是由于原料太粗老，或是贮藏不当茶叶陈化所致，因此，“枯”是劣茶的一个重要标志。此外，干茶色泽花杂是一种品质的瑕疵，如绿茶中的焦斑、爆点，是由于加工火温过高所致；红茶色泽的深浅不一，是因为鲜叶原料老嫩不匀，或发酵工艺掌握不当所致。

干茶的条形好坏与原料老嫩有关，更与制茶工艺密切联系，主要从茶叶的松紧、弯曲、整碎、壮瘦、扁圆、轻重、匀齐等方面综合把握。各种茶叶均有特定的形状要求，且侧重点不同。如龙井茶的条形要求扁平挺直尖削，眉茶要求细、紧、直，珠茶要求细圆紧结，乌龙茶一般只要求条索完整、忌断碎，而红碎茶除颗粒形状符合一定的规格外，侧重审评身骨的重实度。

净度指茶叶干净与夹杂程度，不含夹杂物或含量少的，净度好。

专业的茶叶审评一般置茶样于品评盘中，双手摇动样盘，使茶叶在盘内做回旋运动，形成按条形长短和大小分成的上、中、下三层，分别称为“面装”“腰档”和“下段”。茶叶的嫩度、条形和色泽看腰档，净度看面装，整碎看下段。平时品饮茶叶可因陋就简，将茶叶倒在茶罐盖上或干净的纸上，轻轻拌匀后再分别评定嫩度、色泽、条形和净度。外形评定作为最直观的茶叶优劣区分方法，实用性强，是品饮鉴赏茶叶最常用也是最重要的手段。

日常品茶，欣赏茶叶的形态美时，可取一定量茶叶于专用茶匙或置于白瓷盘、无气味的白纸上，观看茶叶的造型、色泽以及茸毛疏密长短等特有风韵，并闻其干香。这一过程又称赏茶。

名茶的外形和叶底能给人以足够的美感，让人浮想联翩，把名茶与茶叶产地的自然风光、文化底蕴、风土人情等联系在一起，品尝时会有精深美妙的享受。

二、茶的内质品味

茶叶的内质要从茶叶的香气、汤色、滋味和叶底 4 个方面来评价。

（一）茶的香气

茶的香气有的甜润馥郁，有的清幽淡雅，有的高锐持久，有的鲜灵沁心。其中，兰花香被公认为“王者之香”，常被喻为茶香。

香气为茶叶鉴赏的重要内容，特别对高档茶来说，香气的优劣直接决定了茶叶品尝鉴赏价值的高低。香气主要评香型、香气高低、鲜爽度、纯度和持久性。与之对应的品香方法就有了热闻、温闻和冷闻，有品干茶香、汤前香和叶底香等方式。而且，对茶香的追求导致了花茶的产生。

茶叶的香气有毫香、清香、嫩香、花香（包括青花香和甜花香）、果香、甜香、栗香、火香、陈醇香和松烟香等。如绿茶中的细嫩炒青往往有板栗香，细嫩烘青则为嫩香的香型特征。白茶中的珍品白毫其银针满披白毫，毫香显露，茉莉花茶带有茉莉花清高芬芳的香气。祁门红茶为“蜜糖香”，而滇红除具有红茶的基本香型特征外，还带有花香。乌龙茶不但有花果香，香气中还带有“韵味”，如武夷岩茶之“岩韵”，铁观音之“音韵”等。

香气的高低即香气的浓淡程度。一般而言，鲜叶原料的质量越好，其所含有的芳香油成分越多；加工工艺水平越高，香气成分的形成与转化就越充分，茶叶的香气就越高。鲜爽度与茶叶的香型有一定的关系，如乌龙茶、滇红等有馥郁的花香，其香气比较鲜爽。纯度指茶叶应有的正常香气，不应夹杂有其他异味，如烟焦、酸馊、霉陈、鱼腥、日晒、油气等。优质茶由于所含的香气成分较为充沛，香气的持久性较好，冲泡后放置较长时间，甚至冷却后，仍可闻到明显的茶香。

茶的产地不同，茶香有异，即使相同产地，制法、沏泡方法不同，香气也会不同，因此茶的香气更是缥缈不定，变化无穷，富有自然之韵，丰富多彩。

（二）茶的汤色

人们对茶的色泽极为敏感。历代对茶汤的偏爱不同，唐代重绿色，宋代重白色，明清主要崇尚绿色。绿、红、白作为颜色本身是单调的，但如果品茶时将其与茶色鲜绿的生机、茶色鲜红的艳丽以及茶香氤氲的美感相结合，成为一种艺术形象时，能给人以美好的感受。鉴赏茶的汤色宜用内壁洁白的素瓷杯，在光的作用下，杯中茶汤的底层、中层和表面会幻化出色彩不同的美丽光环，十分神奇，耐人观赏。因此，人们把色泽艳丽醉人的茶汤比作“流霞”，色泽清淡的比作“玉乳”，把色彩变幻莫测的形容为“烟”。

品茶汤的色泽是品味茶叶的重要环节，也是反映品质高低的重要项目。一杯色泽鲜明、清澈明亮的茶汤总能给人一种美感。汤色主要评价茶汤的色度、明亮度和清澈度。

色度是茶汤颜色的类型。茶叶汤色有绿茶的浅绿、杏绿、绿亮、黄绿，如果茶汤泛黄，色度加深，就有可能是粗老茶或陈化的茶叶。红茶要求汤色红亮、红艳或深红，汤色过浅，表示原料太粗老，或发酵不足；汤色太深，则表示发酵过度。汤色还有黄茶的杏黄、橙黄；黑茶的橙黄、橙红、深红；乌龙茶的金黄、橙黄、橙红、橙绿等类型。由于各种茶类对茶汤的色度要求有所不同，因此从茶汤的颜色可以发现茶叶采制过程中存在的一些质量问题。

明亮度是指茶汤的亮暗程度。茶汤表面反光充沛的为明亮度高。一般越是高级茶和新鲜茶，茶汤就越明亮。

清澈度强调茶汤的清澈、鲜明。清澈的茶汤纯净透明，无混杂。混浊的茶汤，视线不易透过茶汤，汤中有沉淀物或细小悬浮物。茶汤的清澈明亮是细嫩炒青或细嫩烘青类名茶的品质特色之一。有的烘青茶白毫满披，冲泡后茶汤中有很多细小的茸毛悬浮，但与粗老茶的混浊茶汤在视觉效果上有很大区别。

（三）茶的滋味

茶是饮料，滋味的好坏是评价茶叶质量的关键因素。茶类不同，滋味类型也不同。茶的滋味有苦、涩、甘、鲜、活、醇、厚、浓等，不同茶叶的滋味是它们组合搭配的效果。茶的滋味有清鲜、鲜浓、鲜醇、鲜淡、浓烈、浓强、浓厚（爽）、浓醇、甜醇、醇爽、醇厚、醇和、平和、陈醇等多种类型。

一般名优茶要达到醇、厚、鲜的要求。“醇”是指茶汤入口后有明显的茶味，苦涩味不重，对味觉没有强烈的刺激性；“厚”是指茶汤入口后有一定的厚实感，而非清汤寡水般的淡薄。“鲜”即指茶汤的鲜爽度。普通绿茶要求茶汤有一定的浓度，滋味平和。红茶中，工夫红茶要求滋味醇、鲜、甜；红碎茶则要求浓、强、鲜，不但要求茶汤有较高的浓度，还要求入口有强烈的刺激性，因为红碎茶一般采用添加奶、果汁等品饮方法，如果浓度不突出，茶味会被掩盖。白茶的风格清和高雅，太浓则不符合其品质特色。

不同的茶类对滋味的特征有各自不同的要求，所以茶叶的滋味普遍要求“纯正”不能有异味，如在加工、贮藏或包装过程中产生的烟焦味、霉变味、陈茶味或日晒味。

品茶味要品出茶的本味，通过细品和妙品，体会茶叶鲜爽回甘的妙趣。同时，品茶之人，除了品尝茶中之味外，重在品茶的“味外之味”。

茶叶的鉴赏就是要对茶叶的色、香、味、形，做出准确的评价。对于一般茶叶，就是为了区分质量的优劣，而对于名优茶而言，就可以更好地欣赏其千姿百态独特的品质风格。不同阶层的人，不同的文化底蕴以及不同的环境和心情，都能品出茶叶不同的滋味，这便是茶与人生百味的融会。

（四）茶的叶底

叶底是指开水冲泡以后的茶渣。平时的品茶往往觉得茶渣毫无用处，其实从茶渣的老嫩、整碎、色泽、匀净等方面可以判断出原料品质和加工中的问题。叶底的鉴赏主要有嫩度、色泽和匀度 3 个方面。

叶底的嫩度主要看芽头在叶底中所占的比例。叶片的老嫩可以从叶片边缘的锯齿和叶脉来区分，锯齿和叶脉越明显，叶片就越粗老。此外，还可以看叶张的厚薄程度，在其他性状一致的情况下，叶张厚的品质好。用手触摸叶片，感觉越柔软的嫩度越好。

叶底的色泽鉴赏与干茶的色泽鉴赏相似，主要是看其色度和光泽度。

叶底的匀度从老嫩、大小、厚薄、色泽、整碎等方面来辨别。叶底以匀度高为好，如果老嫩混杂，则表明鲜叶原料的采摘较为粗放，这对干茶的外形，甚至香气、滋味也有影响。若叶底的碎叶较多，说明干茶不匀整，掺杂着一定数量的碎茶和末茶。叶底的色泽均匀度比干茶更好辨别。在正常的采制条件下，叶底与茶叶色、香、味有一定程度的相关性，由于叶底的鉴赏可眼观手摸，比闻香品味更直观，因此，叶底的鉴赏往往作为评定茶叶品质优次的重要依据。

叶底的品尝，一方面是欣赏叶片在茶杯中的茶芽舒展动态，人称“杯中看茶舞”，另一方面又是评价茶叶质量的标准。叶底有芽、雀舌、花朵、整叶、半叶、碎叶、末等几个类型。叶底色泽有绿茶的嫩黄、嫩绿、鲜绿、黄绿、绿亮；红茶的红亮、红艳；乌龙茶的绿叶红镶边、黄亮叶镶红边、橙红等类型。叶底的鉴赏实际上是欣赏茶叶品质和美感的重要内容。仔细观察叶底的形态，杯中茶叶是老是嫩，是陈是新、是优是劣一目了然。特别是用玻璃杯泡茶，叶底不仅作为品质的评判标准，更是茶叶欣赏的对象，许多加工讲究的细嫩名茶，芽叶成朵，在茶汤中亭亭玉立，或上下浮沉，的确美轮美奂。

茶叶内质评审是评审人员用感官鉴别茶叶的过程。即评审人员运用正常的视觉、嗅觉、味觉、触觉的辨别能力，对茶叶样品的外形、汤色、香气、滋味及叶底等品质因子进行鉴评。

专业审评有一套严格的泡茶规范，一般称取 3 g 茶叶放入 150 mL 评审杯中，加沸水至杯口，加盖冲泡 5 min 后，将茶汤倒入评审碗中，利用杯口的锯齿形缺口滤去茶渣。开汤后先闻评审杯中的香气，再快看汤色、尝滋味、后评叶底。内质的评审最先闻香。茶叶香气物质是茶叶中由嗅觉感知到的有香味物质的总称，可分为非萜烯醇类低沸点组分（VFC Ⅰ）和萜烯醇类高沸点组分（VFC Ⅱ）。其所含化学成分不同，所表现的香型也不同，茶叶中所含香气物质的种类和多少，主要受茶叶的品种和制茶方式的影响。

由于茶杯温度较高时，香气成分较易透出，因此热闻的香气较高，也容易辨别香型特征和一些异味。除香型外，香气还要评持久性，因此，随着杯温的下降，还要进行温嗅和冷嗅。一般来说，茶叶中的香气成分除一部分进入茶汤随水蒸气散失外，大部分积累在叶底中。

日常生活中品茶往往有人忽视汤色的鉴赏。其实从茶汤中能了解到茶叶的品质状况。在茶叶的沏泡和品饮过程中，从色度、明亮度和清澈度几个方面来欣赏茶汤，更能体会到平心静气的品茶氛围，从而不断提高沏茶技艺。

茶汤温度在45℃左右最适合饮用，人体对滋味的敏感度也最好。闻香和观色后再尝滋味，沏茶的茶汤稍稍冷却，以免品饮时茶汤温度太高烫舌而影响对滋味的感觉。在品茶之前，不应饮食有强烈刺激性的食品或饮料，如辣椒、葱蒜、糖果等，也不宜吸烟。茶叶滋味鉴赏要养成细品慢吸的好习惯，一杯茶汤一口气喝完似的“牛饮”，不但动作不雅，也是一种浪费。

第十章

茶叶与品牌

第一节　茶叶的品牌打造

品牌农业是现代农业的重要标志。依靠品牌带动农业产业转型升级，既符合当今世界农业发展的一般规律，又顺应经济发展的客观趋势。近年来，临沂地区积极发展品牌农业，把品牌作为农业发展的核心，进行了一系列的实践探索，并取得了突出的成绩。借助品牌农业建设的契机，沂蒙茶叶紧跟步伐，集中力量打造品牌，通过多年的发展，沂蒙茶叶品牌建设取得了显著成效。

一、沂蒙茶叶品牌建设成效

（一）产业规模不断增大

截至2018年底，全市茶园面积2 025 hm^2，产茶1 675 t，成为北方绿茶主产区。全市莒南、临沭、沂水、沂南、平邑等12个县区产茶。茶叶生产是临沂绿色生态特色产业。

（二）规模化生产逐渐增强

据不完全统计，目前临沂拥有茶叶专业批发市场5家，茶叶加工企业102家，其中QS认证的6家，省级林业产业化龙头企业2家，市级农业产业化龙头企业6家，注册商标54个。

（三）品牌茶叶的档次不断提高

通过新建和改造提升，沂蒙茶区绿色食品、无公害农产品认证企业逐渐增多（表 10-1），截至 2019 年，共有 12 家企业获得认证，“莒南绿茶”“沂水绿茶”“沂蒙绿茶”获得农业农村部农产品地理标志登记保护（表 10-2）。

表 10-1 茶叶认证企业名称与类型

企业名称	产品名称	认证类型
莒南县老子峪茶业有限公司	绿茶	绿色食品
山东盘古旅游开发有限公司	茶叶（绿茶）	绿色食品
临沂临港经济开发区祥兵茶叶种植专业合作社	绿茶	绿色食品
山东华旭生态农业科技有限公司	绿茶	绿色食品
莒南县松山春茶厂	松山春（绿茶）	绿色食品
临沂临港经济开发区浩茗茶业有限公司	绣针青绿茶	绿色食品
临沂市玉芽茶业有限公司	沂蒙玉芽（绿茶）	绿色食品
临沭县春山茶树种植专业合作社	春山雪芽茶（绿茶）	绿色食品
临沂临港经济开发区春秋茶业有限公司	红茶	绿色食品
山东沂蒙绿茶业股份有限公司	临港春秋绿茶	绿色食品
费县春曦茶业有限公司	绿茶、红茶、白茶	绿色食品
临沂临港经济开发区雪溪茶业专业合作社	绿茶	无公害农产品

表 10-2 茶叶农产品地理标志

登记申请人全称	核准登记产品全称	登记证书编号
临沂市茶叶学会	沂蒙绿茶	AGI01297
莒南县果茶技术推广中心	莒南绿茶	AGI00276
沂水县高山茶业专业合作社	沂水绿茶	AGI00273

（四）茶叶区域品牌和企业品牌得到双发展

2019 年浙江大学品牌研究中心茶叶区域公用品牌价值评估发布，“沂蒙绿茶”品牌评估价值 11.49 亿元，“沂蒙春”“袁春山”“春曦”等企业品牌也获得了较好的成绩；山东蒙山龙雾茶业有限公司蒙山龙雾牌绿茶被授予山东省首批知名农产品企业产品品牌。在历次全国及市内的茶叶评比中，沂蒙茶叶品牌成绩卓著，在第四届中国茶叶博览会上，“沂蒙绿茶”获得“有影响力的茶叶区域公用品牌”，为十八个获奖品牌之一，临沭县春山茶树种植专业合作社“春山雪芽”获得优秀品牌、莒南县老子峪茶业有限公司绿茶获得“斗茶大赛”金奖第一名；第四届“国饮杯”中，临沭春山茶场“春山雪芽”荣获一等奖；全市“蒙山龙雾杯”名优“沂蒙绿茶”评比活动中临沭县春山茶场等企业选送的15只茶样荣获特等奖；临沭县富贵春茶叶种植专业合作社等选送的20只茶样荣获一等奖，提升了“沂蒙绿茶”的知名度和美誉度，“沂蒙绿茶”目前已授权全市26家企业在其包装上无偿使用此标志（表10-3），沂蒙茶叶的品牌价值正在逐渐显现。

表10-3 “沂蒙绿茶”授权使用名单

企业名称	
莒南县富源春茶厂	临沭县富贵春茶叶种植专业合作社
莒南县环河茶业有限公司	临沂春曦茶叶有限公司
莒南县吉山果品专业合作社柱子山茶厂	临沂临港九坊一品茶厂
莒南县剑青茶厂	临沂市太公现代农业有限公司
莒南县老子峪茶业有限公司	临沂市沂蒙春茶叶有限公司
莒南县绿逸茶业专业合作社	临沂市玉芽茶业有限公司
莒南县前惠富硒茶叶产销专业合作社	平邑县鲁蒙茶业专业合作社
莒南雪尖茶业有限公司	山东华旭生态农业科技有限公司
临港凤泉春茶叶专业合作社	山东盘古旅游开发有限公司
临港浩茗茶业专业合作社	山东沂蒙绿茶业股份有限公司
临港经济开发区彩虹谷茶叶农民专业合作社	郯城县虎崖春种植农民专业合作社
临港经济开发区杰青茶业有限公司	沂南县彦江茶叶种植专业合作社
临沭县春山茶场	沂南县诸葛亮茶场

二、沂蒙茶叶品牌建设措施

沂蒙茶叶正向着良种化、规模化、生态化、标准化方向发展，主要得力于以下措施。

（一）争取政府扶持，推动规模发展

借助优质农产品基地品牌创建规划，积极建设大基地、培育大品牌、开展大营销。集政府、协会、企业合力，共同打造区域形象品牌、区域公用品牌、企业产品品牌。沂蒙茶产业积极抓住契机，一是争取将茶产业融入全省、全市的农产品品牌建设和质量安全体系建设中去，借助政府力量宣传、推介茶产业，提高茶叶知名度。二是立足生产实际，依托《山东省茶产业发展规划》（2013—2020年），突出产业特色和产品优势，因地制宜确定茶叶的主要发展区域，推动茶叶基地的规模化发展，在园区积极推广先进的技术、经营和质量管理模式，为品牌建设夯实基础。三是积极争取奖补资金，用于茶叶基地建设、品牌打造。

（二）强化体系建设，保障质量安全

把质量安全体系建设，作为茶叶品牌发展的重要抓手，不断健全质量标准，搞好产前、产中、产后服务，为茶叶质量安全保驾护航。一是不断完善茶叶标准体系建设。在茶园建设方面，要符合经营规模化、生产标准化、产品品牌化的要求。在生产方面，先后制定了《沂蒙绿茶标准化栽培技术规程》《地理标志产品　沂蒙绿茶》等多个市级地方标准。二是加强茶叶安全保障体系建设。在全省建成省、市、县、乡镇、基地（批发市场）质量安全检测网络，实现质量检测中心（站）建设项目全覆盖。重点加强茶叶基地规范化管理，做到基地有良种统供、有管理人员和技术人员、有技术规程、有速测仪器、有档案、有准入和准出制度、有标志牌、有认证、有品牌。

（三）狠抓技术推广，提供有力支撑

一是重视科技示范园区建设。通过合作共建、技术入股等形式引导和鼓励农业科研院所参与茶园建设，开展良种繁育、新品种培育、新技术研发等，并以茶园为核心，向周边辐射推广。二是强化技术培训。通过高素质农民培育、农业行业关键技术培训等项目，有重点有深度地培训了一大批茶叶生产大户、家庭农场经营者、合作社带头人等，向他们宣传推广了茶叶生产新技术、新方法、新理念，品牌建设新成效。三是开展农技人员入户指导、分类培训工

作，解决种植户因距离偏僻、消息闭塞不能参加培训等问题。四是大力推广良种良法配套技术，农业科技贡献率显著提高。

(四) 做好宣传推介，增强产业竞争力

依托“生态沂蒙山、优质农产品”品牌，和“产自临沂”优质农产品良好的内在质量、丰富的文化元素、日益增强的品牌影响力和市场美誉度，全力搞好茶产业品牌的培育和宣传。一是在品牌挖掘方面，注重做好了茶品牌与文化、旅游、节庆活动的结合文章，根据各地区实际，举办了多项有地方特色、体现产品优势的农业节庆活动，扩大茶产业的影响，推动品牌挖掘。二是在品牌认证方面，鼓励企业开展“三品”认证和国家地理标志农产品认证，进一步提升品牌影响力。同时，加强对企业茶叶品牌设计、品牌认知、品牌定位、品牌传播、品牌维护等各项工作的指导，引导企业和合作组织增强品牌意识，帮助企业、合作社及时注册产品商标，提升和推介品牌，扩大品牌效应。三是在宣传推介方面，多渠道筹措资金，注重调动企业参与宣传投入的积极性。“沂蒙绿茶”品牌知名度近年来提升较快，得益于沂蒙优质农产品整体品牌形象在央视一套、山东省广播电视台宣传的契机，对“沂蒙绿茶”进行了捆绑宣传，提高了“沂蒙绿茶”的宣传参与度。同时，在市级媒体开辟了品牌宣传栏，积极挖掘、培育、宣传涌现出的临沂茶叶品牌典型，使品牌观念更加深入人心。此外，要注重创新宣传载体和形式，通过网络进行品牌传播，让网络成为茶叶供求双方互动交流的快捷通道，扩大茶叶的品牌影响范围和市场销售范围。四是在市场推广方面，大力推行“企业（合作组织）＋基地＋品牌＋超市”以及专卖店、专柜、贵宾配送等直销模式。在北京、上海等国内主销城市设立茶叶专柜，实现沂蒙茶叶进军高端市场的目标。五是积极举办和组织参加各类博览会、交易会，进一步强化宣传推介，持续增强品牌影响力。

三、沂蒙茶叶品牌建设战略提升措施

品牌建设是茶产业创新发展的永恒主题。要按照“标准化生产、规模化经营、品牌化营销”的发展思路，以市场为导向，以科技为支撑，加强顶层设计、夯实基础建设、推广关键技术、优化产业结构、加大品牌宣传推介力度、深入挖掘茶文化内涵，努力实现茶叶转型升级，全力提升茶叶品牌价值。发展中要坚持因地制宜，突出重点。根据生态环境、品种资源、种植、加工技术条件，因地制宜调整优化生产布局，强化基地建设，引导产业集聚发展，充分发挥产业集群优势。要依托品牌带动、实现产业化经营。集聚打造“沂蒙绿茶”区域公用品牌，实施“区域公用品牌＋企业品牌”双品牌扩张，大力培育茶叶产业化龙头企业，积极研发高端系列产品，促进产业升级。要依托科技支撑，实现绿色发展。不断提高茶叶科技创新能力，集成推广一批实用、高效、生态、安全的新技术、新成果，改进加工设备和技术，为茶树栽培、产业加工提供强有力的科技支撑，实现可持续发展。

品牌建设能够优化茶业结构，提高茶产品质量安全水平和市场竞争力，实现经济效益。战略提升措施有：

（一）加强顶层设计，切实提高组织保障

一是建立茶叶产业发展协调推进机制。落实《山东省茶产业发展规划》（2014—2020年）内容，全力做好茶叶品牌资源的整合，集中力量打造茶叶知名品牌，带动提升行业品牌的知名度。二是完善扶持政策。积极争取各级财政资金，加大对茶园基础设施建设、良种繁育基地建设、品牌推介、茶叶销售市场体系建设等扶持力度。三是建立完善产业发展指标体系，健全考核机制，并纳入各级政府考核体系。

（二）做好宣传推介，发挥区域公用品牌的引领、带动作用

区域公用品牌对促进产业发展具有非常强的引领、带动作用。今后一个时期要把打造、宣传推介茶叶区域公用品牌作为北方茶产业发展的一项重点工作来抓。采取多种形式开展公益宣传，组织企业参加品牌评估、茶叶评比（中茶杯、国饮杯、中绿杯）、茶博会、交易会、展销会等活动，放大品牌效应，不断提升北方茶叶品牌的知名度和市场竞争力，带动北方茶叶生产和销售。探讨成立茶企业

联盟，统一质量标准，统一对外宣传，实施“区域公用品牌＋企业品牌”双扩展。大力推行电子商务，开展网上销售，鼓励扶持企业和合作社在淘宝、天猫等平台上开设专卖店，不断开拓市场，扩大国内市场份额，提升品牌的知名度。

（三）依靠科技创新，切实提升茶叶内在质量

茶叶质量是茶叶品牌的立足之本，是品牌的生命和基石，没有质量，茶叶品牌就如“无水之源”“无基之厦”。依托山东省现代农业产业技术体系茶叶创新团队，通过建立“协同创新示范基地”“协同创新示范企业”“合作经济示范企业”等形式，进一步加强专家与企业、基地的深层次对接、交流、服务，促进茶叶产业技术进步。一是完善茶叶标准化体系建设。建立健全自上而下涵盖生产、加工、包装、储运等环节的技术标准体系，为北方茶产业的标准化发展提供依据。二是加大《沂蒙绿茶标准化栽培技术规程》《地理标志产品　沂蒙绿茶》等各级地方标准的推广力度，通过举办培训班、现场观摩、印发技术资料、外出参观学习等多种形式，提高茶农的科技意识，提升茶园管理水平。三是建设茶树良种苗木繁育基地，加强对当地茶树抗寒良种的筛选、收集和保存，引进外地优良茶树品种，加快无性系良种的繁育推广进程，确保茶苗供应和茶园种植品种的优良性。四是搞好老茶园更新及低产茶园改造，淘汰现有生产能力弱的零星茶园，提高低产茶园的生产能力，重点推广福鼎大白、龙井 43、中茶系列等抗寒性好、发芽整齐、叶形优美、持嫩性强、栗香味鲜、产量高的无性系良种。五是依托现有的农产品质量监测体系，加强茶产品监测力度，有条件的企业建立产品质量追溯制度。六是加大对茶叶加工龙头企业、农民专业合作社、家庭农场的扶持力度，加强设备改造和优化升级，不断改进加工装备和加工工艺，带动茶叶加工企业实现清洁化生产。根据消费市场的变化，适时调整产品结构，加工生产高中低档系列产品，以满足不同消费群体的需求。鼓励支持企业进行科技创新，积极开展新产品研发和加工工艺研究，走以绿茶为主、红茶为辅、黄茶、白茶、乌龙茶等多元化发展的路子。七是鼓励支持企业积极开展“三品一标”、HACCP（危害分析和关键控制点）认证等，提升企业质量管理水平和产品安全水平。

（四）积极争取政府资金扶持，创建优质高效示范园区

通过实施农业农村部茶标准园创建项目、山东省现代农业生产发展资金果茶项目、茶叶越冬防护农技推广项目等，进一步加强茶园水电路渠、生态林网、越冬防护等基础设施建设，同时集成关键技术，推行标准化生产，加快新技术、新品种、新成果的推广应用步伐，建设优质高效示范园区。实施绿色防控，建设生态茶园，推行科学施药，积极推广应用高效低毒、低残留的生物源农药、杀虫灯、色诱板等非化学防控技术，减少化学农药的使用，降低种植环节带来的食品质量安全风险，提高茶叶产品质量，力争示范园区的茶园全部达到安全、优质、绿色标准。引导茶企业、合作社、大户、家庭农场通过承包、租赁、入股等形式大力发展标准化生产基地，走规模化发展，标准化生产的路子，提高茶叶基地建设水平和规范化程度。

（五）创新产业发展模式

一是大力发展订单茶业。积极推广“企业＋基地＋茶农”“合作社＋基地＋茶农”“家庭农场”等新型生产经营模式，引导、鼓励、支持加工企业大力发展订单茶业，与茶农、茶叶专业合作社签订鲜叶原料购销合同，形成稳定的购销关系，保障茶农收入。二是创新技术推广机制，在主产区创建一批生态示范园，以示范园为平台，以龙头企业、农民专业合作社和家庭农场为主体，以信息网络为渠道，大力开展多种形式的技术培训和技术服务，加快新品种、新技术和新成果的转化推广能力。三是丰富茶类品种。支持有关企业和科研单位引进技术、设备，进行新品种引进、加工技术提升、茶类新产品开发及山东特色茶食品、茶饮品和茶旅游产品等开发，推进茶叶深加工，延伸茶产业链，增加附加值。

（六）挖掘丰富茶文化内涵

发挥当地丰富的茶文化历史资源和人文资源优势，把茶文化与旅游业有机结合起来，开发融茶文化、民俗文化及休闲度假等为一

体，集茶叶采摘、茶叶加工、茶艺表演和旅游购茶为一体的特色旅游、生态观光游和休闲体验游。研究开发茶叶旅游产品，在重点旅游景区适时举办茶叶会展、现场炒茶、评茶等活动宣传“沂蒙绿茶”品牌，增强旅游业对茶叶产业的带动作用，助推带动茶经济。

第二节　茶叶品牌的可持续发展

茶叶生产要可持续发展，除了要实现区域社会与生态效益的可持续发展，还必须获得经济效益，经济效益的获得，一方面体现在优质、高产、低耗上。生产的茶类不同，产量的伸缩性变化很大；人们对茶类的嗜好习惯不同，对茶叶质量的评价和要求各不相同。同一茶叶，在某些地区受欢迎，到了另一地区不一定被接受。因此，必须根据市场对各种茶类的需求动向，不断调整茶类生产结构，根据茶园自身产量、品质演变特点与影响因素，人为采取调控措施，最大限度发挥茶园经济效益，使可持续发展成为可能。另一方面体现在茶产业链条的延伸上。长期以来，人们栽培茶树的目的是采收茶叶，实际上在茶叶生产过程中还有很多副产物、附加价值可加以合理利用。如茶籽除作为繁殖外，还含有脂肪32%、蛋白质11%、淀粉24%，茶皂素等其他物质。目前一些茶场将茶籽用来榨油，从茶籽饼粕中提取茶皂素，提取的茶皂素可作为纤维板制造中的乳化剂等。产品的综合开发，可以使生产单位的经济效益提高，资源得到充分利用，抗灾能力提高。

一、茶叶本身的可持续发展

（一）充分认识和运用茶树高产优质的生育规律

在茶树整个生长发育过程中，幼苗阶段的生育最易受外界环境条件的影响，必须尽可能地为之创造有利生育的条件。种植前深翻改土，施用大量有机肥料，为幼年阶段的生长发育打下良好基础，同时加强防旱、防冻等保护措施，培养全苗壮苗。

幼年阶段是茶树生命力蓬勃上升的时期，是培育符合生产要求树势的关键时期，必须利用这一时期的特点，培养良好的树冠和根系。这一时期在加强肥水的基础上，进行系统修剪和合理采摘，抑制枝干顶端优势，促进侧枝生长强壮，塑造良好骨架和树势，提高树冠覆盖度，扩大同化面积，增强有机物质的积累。塑造高产树冠结构是这阶段栽培的中心环节。

青、壮年阶段的茶树各个器官生育旺盛，营养生长强烈，生长点数量多，吸收同化面积大，积累有机物质能力强。栽培方面主要是在保证营养和水分的条件下，运用适当轻、重轮回修剪，加强营养生长，抑制生殖生长，提高有效芽的密度及其芽重。保持强盛的营养生长势，延长高产优质的经济年限，是这阶段栽培技术的关键。

在茶树年发育周期中，生殖生长和营养生长全年均在进行。但在我国多数茶区，上半年营养生长旺盛，生殖生长仅以幼果为主；下半年生殖生长量大，除茶果外，还有大量花芽不断发育和生长，因而营养消耗较多，影响芽叶生长，如能抑制生殖生长，促进叶芽分化，有助于产量提高。

要实现茶树早发、早采、早开园，除选育早生品种外，在农业技术措施上，冬季和早春提高气温和地温是很重要的一环，配合深耕施足基肥，改进土壤结构，增高地温，培土铺草，减少地表层的冰冻，防止根系受伤害。在改良土壤结构、提高土壤肥力的基础上，采用速效肥料追肥，催芽早发。同时加强预防，避免茶芽萌发后，受低温或晚霜侵害。

促进正常新梢的形成，使新梢着叶多，新梢整齐、均匀。茶树衰老，易患病虫害，形成对夹叶多，强壮茶树则反之；冬季休眠芽形成的春梢正常新梢多，对夹叶形成较少；夏季干旱时期土壤湿度或空气湿度不足的情况下，易形成对夹叶；在一定温度条件下，肥水充足的茶树形成对夹叶少；茶树经过不同程度修剪或合理采摘的对夹叶也较少。总之，各方面条件配合适宜，满足茶树生长的要求，就能大大促进和加强新梢的生育。

综上所述，根据茶树生育规律，抓住管理的重点，是茶园实现高产优质的关键。茶树个体发育，不论总发育周期或年发育周期，都有其各自的生育特点，充分认识和掌握其特点，便可以利用、改造，达到高产优质的目的。

（二）从栽培技术方面调节茶叶产量与品质的关系

茶园产量品质的调节应解决好下面几个问题。

1. 缩小地块差距，实现较大面积平衡高产 要实现茶叶较大面积高产，单靠小部分茶园高产是很难实现的。实践表明，一个生产单位，要实现大面积产干茶 1 500～2 250 kg/hm^2，必须要有60%以上的茶园单产达到平均水准以上才有可能实现。因而要实现较大面积高产，就必须改变低产地块的生产条件，缩小地块间的差距。地块间平衡增产的中心环节，就是要在搞好茶园基础建设上狠下功夫。具体基础建设有：

（1）选用高产优质的栽培良种，早、中、晚生品种和不同品质特色的品种合理搭配，充分发挥茶树高产优质的内在因素。

（2）选择立地条件优越，能满足茶树生长发育环境要求的地域植茶。

（3）合理密植，充分发挥茶树群体生产力。

（4）适时培育管理，为茶树高产优质奠定基础。

2. 抓好各季平衡增产，实现全年高产 我国南部茶区，茶树全年生长，四季采茶，各季茶叶产量分布比较均匀。长江中下游大部分茶区，产量都集中在春季，夏、秋茶的比例较小，从资源进一步开发利用方面而言，夏、秋茶季节长，热量条件丰富，增产提质潜力很大，只要能生产出适合市场需求的产品，或随着茶制品深加工水平的提高，这部分资源可有效开发利用。总结各地经验，只要加强肥培，抓好防旱，及时供水，控制病虫害，抑制生殖生长，适当提高采摘嫩度，扩大夏、秋茶比例，就能实现各季茶均衡增产。如山东日照巨峰镇一茶农详细记录了2003—2007年的各季产量和收益，结果表明，该农户管理的茶园春、夏、秋三季茶产量占全年产量的比例为35.1%、46.2%、18.7%，收入比例为60.9%、26.0%和13.1%。如果放弃不生产夏、秋茶，则年生产中约有40%的收益无法获取。可见，平衡各季茶叶增产、提质，才能实现全年高产优质目的。

3. 协调茶园生产结构，提高生产力 茶树通过壮年期后，新陈代谢水平渐趋衰落，产量品质逐渐下降，就单一地块茶园来说，它的高产时期和经济年龄是有限的。一个生产单位要达到相对稳定的持续高产和优质，就必须不断地调整生产茶园的树龄结构，提高茶园的总体质量水平，保持旺盛的生产力，获得茶叶的持续高产和优质。保持青壮年茶园的比例占优势，使茶园总体年轻化，从而使茶叶产量品质能获得较大幅度的增长。协调老、中、青茶园之间的比例关系有 3 条基本经验：

（1）淘汰一批零星分散、土壤瘠薄、坡度大、水土流失严重、树龄衰老、树势衰弱、经济效益低的老茶园。

（2）改造一批土壤条件、茶树条件较好，而又相对集中的老龄茶园，根据具体情况，采取改树、改土、改园，加强肥培管理，更新复壮茶树。

（3）换种改植或适当发展一批高标准的新茶园。协调茶园的树龄结构，使生产茶园的结构处于年轻化，可有效协调茶叶产量与品质的关系。

4. 采用技术措施协调产量与品质的关系 栽培方面可采用一系列技术措施，调节茶树在不同年份，或一年中各个季节产量和品质的矛盾，使茶园产量与品质平衡发展。采摘对产量与品质的影响极为巨大，正确掌握采摘时机，是协调产量与品质平衡发展的中心环节。沂蒙茶区春茶品质都较优越，要扩大春茶比例，可采取加强秋、冬季和早春的茶园管理，重施基肥，做好防冻工作，及时追施催芽肥，秋季轻剪或早春修平，或春茶结束后轻剪，改春茶留叶采为夏、秋季留叶采等技术措施，多采春茶。红茶夏季品质好的产区，则可采取春修剪，春季留叶采，提高夏、秋茶的施肥水平，加强夏、秋病虫害防治等，提高夏、秋茶的产量和品质。干旱茶园夏、秋常有干旱，茶叶产量、品质都较低，为提高夏、秋茶的经济效益，可采用根外追肥，灌溉、地面覆盖或遮阳栽培，适当提高采摘嫩度，相应缩短采摘间隔天数，控制生殖生长等手段，提高夏、秋茶的产量和品质。

二、茶的综合利用

茶的综合利用涉及化学工程、食品加工、生物化学、医学和营养学等学科，以及食品、饲料、日用化工和医药等多个行业。产品包括天然药物、保健食品、茶饮料、食品、日用化学品、植物农药、动物保健品等。

茶功能成分具有抗氧化、提高免疫力、降低血压、促使心神安定、促进脑部血流、增进脑活力、营养神经细胞、增加生长激素分泌、健肝利肾、改善更年期综合征、预防阿尔茨海默病、美容、作为营养补充剂等多方面作用。利用新的化学工程和生物化学工程相关技术对茶树活性成分进行分离和纯化，可以最大限度地保留其活性成分的功效，绿色提取技术也可以确保成分的安全性。

（一）食品领域

基于茶多酚化合物的抗氧化活性，茶多酚类化合物可作为食品保鲜剂，添加到各种含油食品中发挥其抗氧化功能；利用鲜叶加工成不同细度的茶粉，翠绿的色泽和成分可以作为天然色素和功能强化剂；茶黄素等也可作为天然色素，并具有抗氧化的功效。茶叶的多种成分还具有改善食品口感的作用。因此可以在茶食品加工方法、延长食品保质期和改善食品品质方面进行研究。

（二）饲料领域

茶叶活性成分和茶渣用作饲料添加剂，可以提高动物免疫力，减少臭味物质的排放。如茶多酚可以提高鸡肉中维生素和肌酸的含量，降低鸡蛋中胆固醇的含量；添加到猪饲料中可以降低猪肉的肥肉率。因此，可以开展添加茶提取物的系列饲料产品的研究和应用。

（三）日用化学品领域

在内衣、鞋、袜的棉织物中添加茶多酚类化合物可以杀灭内衣、鞋、袜中引起皮肤病的真菌，并消除异味；在汽车和空调器的出气和进气处安装茶多酚过滤网可以起到吸收异味和污染物的作用；茶口罩可过滤空气杂质。茶多酚具有防辐射的功效。人们生活中的电视机、手机、微波炉等在使用时也会释放微量的辐射性物质，因此研发含茶多酚的小贴膜，可起到吸收辐射能量的作用。同样，这些物质也可以作为化妆品的添加剂。在防晒霜中添加茶多酚，可以保护皮肤免受紫外线的辐射伤害，减轻患皮肤癌的风险。在沐浴露中添加茶花提取物，可以减轻皮肤发痒。茶多酚还具有抗氧化活性，加入化妆品中可以减少和延缓皮肤上老年斑的产生，这种产品目前在市面上比较畅销。因此，茶活性物质与日用化学品行业的关联研究将是重要的课题。

（四）医药领域

茶多酚、茶氨酸和茶色素等具有多种保健功效，可开发用于增强体质、提高免疫性、减肥、降血脂、降血压等多种用途的保健品。将茶树活性成分的提取分离与医学研究结合，将能开发出更多有利于人体健康的产品。

三、茶文化的发展

茶文化与茶叶的品牌宣传与发展是相辅相成、相互依存的。我国是茶文化的发祥地，有着极其深厚的茶文化历史和现实内涵，这些内涵在没有传播之前，不会在人们心中留下深刻的印象。“老舍茶馆”的发展就充分利用了老舍先生及其创作的《茶馆》的影响力，将书茶馆、餐茶馆、茶艺馆融于一体，组建了茶艺表演队，进行乌龙茶、文式茶、农家茶、茉莉花茶和八宝茶等各类茶艺表演，让人们在饮茶的同时感受茶文化，值得借鉴。

附录 1　沂蒙茶叶大事记

1. 明朝天顺年间即有茶树种植。

2. 20 世纪 50 年代后期至 60 年代中期，“南茶北引”。

3. 20 世纪 70 年代，沂蒙茶叶大发展。

4. 1985 年，临沂地区茶叶试验站研制的“沂蒙碧芽”“卧龙剑”获得全国名茶评比会表扬奖。

5. 20 世纪 90 年代中期以后，无公害茶园得以发展。

6. 2007 年，开展绿色食品认证。

7. 2013 年，“沂蒙绿茶”获得农业部农产品地理标志登记保护。

8. 2019 年，“沂蒙绿茶”品牌价值达 11.43 亿元。

附录2 茶叶地方标准

地理标志产品 沂蒙绿茶
（DB 3713/T 075—2015）

1 范围

本标准规定了沂蒙绿茶的术语与定义、保护范围、分类、分级与实物标准样、自然环境条件、要求、试验方法、检验规则、标志、标签、包装、运输、贮存。

本标准适用于中华人民共和国农业部根据《农产品地理标志管理办法》规定登记保护的地理标志产品沂蒙绿茶。

2 规范性引用文件

下列文件对于本标准的应用是必不可少的。凡是注日期的引用文件，仅所注日期的版本适用于本标准。凡是不注日期的引用文件，其最新版本（包括所有的修改单）适用于本标准。

GB/T 191 包装储运图示标志
GB 2762 食品中污染物限量
GB 2763 食品中农药最大残留限量
GB 7718 预包装食品标签通则
GB/T 8302 茶 取样
GB/T 8304 茶 水分测定
GB/T 8305 茶 水浸出物测定
GB/T 8306 茶 总灰分测定
GB/T 8310 茶 粗纤维测定
GB/T 8311 茶 粉末和碎茶含量测定
GB/T 8314 茶 游离氨基酸总量测定

GB 14881　食品安全国家标准 食品生产通用卫生规范

GB/T 18795　茶叶标准样品制备技术条件

GB/T 23776　茶叶感官审评方法

GH/T 1070　茶叶包装通则

GH/T 1071　茶叶储存通则

NY/T 5019　无公害食品　茶叶加工技术规程

NY 5020　无公害食品　茶叶产地环境条件

JJF 1070—2005　定量包装商品净含量计量检验规则

国家质量监督检验检疫总局令〔2005〕第75号《定量包装商品计量监督管理办法》

国家质量监督检验检疫总局令〔2009〕第123号《食品标识管理规定》

3　术语与定义

下列术语定义适用于本标准。

沂蒙绿茶　Yimeng green tea

以产自第四章规定范围内的优质茶树鲜叶为原料，按照具有地方特色的绿茶加工工艺制作而成，具有“叶片厚、耐冲泡、内质好、滋味浓、香气高”品质特征的绿茶。

4　地理标志产品保护范围

沂蒙绿茶地理标志产品保护范围限于中华人民共和国农业部根据《农产品地理标志管理办法》规定登记保护的范围。见附录。

5　分类、分级与实物标准样

5.1　分类

产品按照外形形状分为卷曲形绿茶、扁形绿茶；按鲜叶采摘季节分为春茶（4月和5月）、夏茶（6～8月）和秋茶（9月）。

5.2　分级

按感官品质分为特级、一级、二级、三级四个等级（夏茶不设特级）。

5.3 实物标准样

各等级产品设一个实物标准样，实物标准样为该级品质最低界限，每三年换样一次。实物标准样的制备应符合 GB/T 18795 的规定。

6 自然环境条件

6.1 地理位置

临沂市位于山东省东南部，是鲁中山区的一部分，现辖三区（兰山区、河东区、罗庄区）九县（费县、平邑县、兰陵县、郯城县、临沭县、莒南县、沂水县、沂南县、蒙阴县），地理坐标为东经 117°24′00″～119°11′00″，北纬 34°22′00″～36°22′00″，地貌类型多样，境内拥有山地、平原、丘陵、河流，总面积 17 184 km^2。

6.2 气候特点

属暖温带季风区大陆性气候，四季分明，光照充足，雨量充沛，无霜期长。年平均气温 14℃左右，年降水量 800 mm 左右，年平均相对湿度 70%，年日照时数 2 300 h 左右，全年无霜期 200 d 以上。

6.3 土壤

呈酸性或微酸性，pH 4.5～6.5，土质较厚、有机质含量高、地力肥沃。

6.4 空气、水质

茶园空气质量、灌溉水符合 NY/T 5020 的规定。

7 要求

7.1 原料要求

鲜叶质量要求无红变、无异味、无污染、无杂质、无病虫危害，用于同批次加工的鲜叶，其嫩度、匀度、净度、新鲜度应基本一致。鲜叶分为特级、一级、二级、三级，各级质量应符合表 1 的要求。

表 1　鲜叶质量分级要求

等级	要求
特级	一芽一叶初展至一芽一叶，一芽一叶初展为主，一芽一叶在 10%以下
一级	一芽一叶至一芽二叶初展为主，含一芽二叶在 20%以下
二级	一芽二叶至一芽三叶初展为主，含一芽三叶在 30%以下
三级	一芽二、三叶和同等嫩度的对夹叶

7.2　加工要求

7.2.1　加工工艺

7.2.1.1　卷曲形绿茶工艺流程

摊青→杀青→揉捻→二青→做形→辉干。

7.2.1.2　扁形绿茶工艺流程

摊青→杀青→理条→整形→辉干。

7.2.2　生产加工过程的卫生要求

应符合 GB 14881 和 NY/T 5019 的规定。

7.3　质量要求

7.3.1　感官指标

要求无劣变、无污染、无异味、不添加任何添加剂、不得夹杂非茶类物质。卷曲形、扁形绿茶各级感官品质应分别符合表 2、表 3 的要求。

表 2　沂蒙绿茶（卷曲形）的感官指标

级别	外形				内质				
	形状	匀整度	净度	色泽	香气	滋味	汤色	叶底	
特级	卷曲紧细	匀整	纯净	绿润	鲜嫩高爽	鲜醇	嫩绿明亮	嫩绿明亮	柔嫩匀整
一级	卷曲紧结	匀整	洁净	绿润	高香持久	醇厚	嫩绿尚明亮	黄绿明亮	柔软匀整
二级	卷曲紧实	匀尚整	尚洁净	墨绿	清香	浓醇	黄绿明亮	黄绿尚亮	柔软尚匀
三级	卷曲尚紧实	尚匀整	稍有梗片	墨绿	纯正	醇正	黄尚亮	暗绿	欠匀

表 3　沂蒙绿茶（扁形）的感官指标

级别	外形				内质				
	形状	匀整度	净度	色泽	香气	滋味	汤色	叶底	
特级	扁平光滑	匀整	匀净	绿润	豌豆香	鲜爽	嫩绿明亮	嫩绿明亮	细嫩匀齐
一级	扁平尚光滑	匀整	洁净	绿润	清高	鲜醇	绿明亮	绿明亮	匀齐
二级	扁尚平	匀尚整	尚净	墨绿	清香	浓醇	黄绿明亮	黄绿明亮	尚匀齐
三级	扁欠平	尚匀整	稍有青黄片	墨绿	纯正	尚醇	黄绿尚亮	尚绿亮	稍有单张

7.3.2　理化指标

理化指标应符合表 4 的规定。

表 4　沂蒙绿茶理化指标

项　目	指　标
水分（质量分数）/%	≤6.0
水浸出物（质量分数）/%	≥36.0
总灰分（质量分数）/%	≤7.0
碎末茶（质量分数）/%	≤5.0
粗纤维（质量分数）/%	≤16.0
游离氨基酸总量（质量分数）/%	≥3.0

注：游离氨基酸总量的要求仅限特级、一级绿茶，二级以下不作要求。

7.3.3　卫生指标

污染物限量指标应符合 GB 2762 的规定；农药残留限量指标应符合 GB 2763 的规定。

7.3.4　净含量

定量包装规格由企业自定，净含量负偏差应符合国家质量监督检验检疫总局令〔2005〕第 75 号的规定。

8　试验方法

8.1　感官检验

按 GB/T 23776 的规定执行。

8.2 理化检验

8.2.1 水分按 GB/T 8304 的规定执行。

8.2.2 水浸出物按 GB/T 8305 的规定执行。

8.2.3 总灰分按 GB/T 8306 的规定执行。

8.2.4 碎末茶按 GB/T 8311 的规定执行。

8.2.5 粗纤维按 GB/T 8310 的规定执行。

8.2.6 游离氨基酸总量按 GB/T 8314 的规定执行。

8.3 卫生指标

按 GB 2762 和 GB 2763 的规定执行。

8.4 净含量检验

按 JJF 1070—2005 的规定执行。

9 检验规则

9.1 组批

同一批原料、同一班次生产的同品质、同规格的产品为一批。

9.2 取样

按 GB/T 8302 的规定执行。

9.3 出厂检验

应对标签、感官指标、水分、碎末茶、净含量负偏差进行检验，检验合格并附产品质量检验合格证方可出厂。

9.4 型式检验

型式检验为本标准中要求的全项目检验，一般情况下一年进行一次，有下列情况之一必须进行：

①原料、工艺、机具有较大改变，可能影响产品质量时；

②停产半年以上恢复生产或转厂生产时；

③国家质量监督机构或行政主管部门提出型式检验的要求时。

9.5 判定规则

9.5.1 凡有劣变、有污染、有异味、霉变、有添加剂或卫生指标中有一项不符合本标准要求的产品，均判为不合格产品。

9.5.2 除卫生指标外，理化指标有一项不符合本标准要求或感官指标不符合规定级别的，应对该批产品加倍抽样复检，复检后仍不符合本标准要求的，判该批产品不合格。

9.5.3 对检验结果有争议的，应对留存样或在同批产品中重新按GB/T 8302的规定加倍取样，重新取样应有争议双方会同进行，对有争议的项目进行复验，以复验结果为准。

10 标志、标签、包装、运输、贮存

10.1 标志

产品运输包装的图示标志应符合GB/T 191的规定。

10.2 标签

产品的标签应符合GB 7718和《食品标识管理规定》的规定。

10.3 包装

包装应符合GH/T 1070的规定。

10.4 运输

运输工具应清洁、干燥、阴凉、无异味、无污染；运输时应防雨、防潮、防暴晒；严禁与有毒、有害、有异味、易污染的物品混装、混运。

10.5 贮存

产品应贮存于清洁、干燥、无异气味的专用仓库或冷藏库内，按GH/T 1071的规定执行。不得与有毒、有害、有异味、易污染的物品混放，仓库周围应无异气污染。在本标准规定的条件下，保质期为18个月。

附录
（规范性附录）

地理标志产品沂蒙绿茶保护范围图

图1 地理标志产品沂蒙绿茶保护范围见图1。

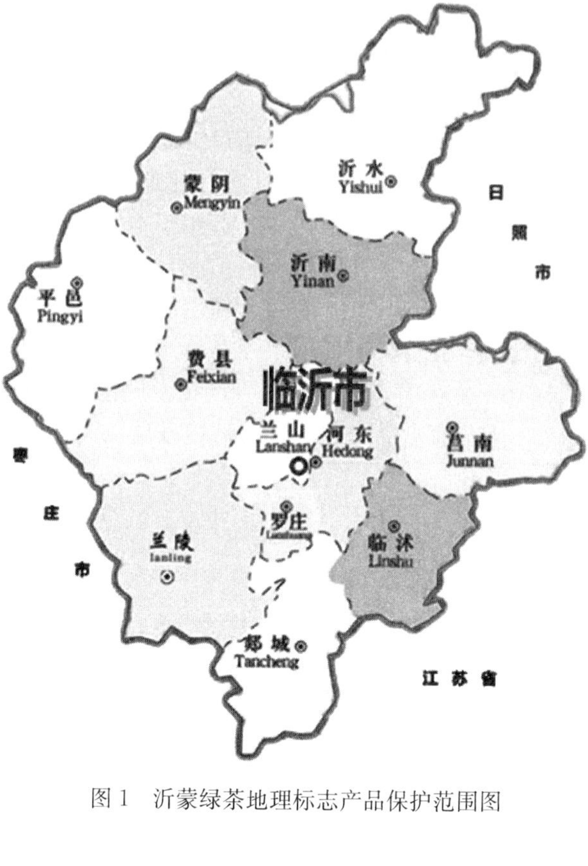

图1 沂蒙绿茶地理标志产品保护范围图

沂蒙绿茶标准化栽培技术规程
（DB 3713/T 076—2015）

1 范围

本标准规定了沂蒙绿茶标准化栽培的术语和定义、园地选择与规划、茶树品种与种植、土肥水管理、茶树病虫草害防治、越冬防护、修剪、鲜叶采摘。

本标准适用于沂蒙绿茶的标准化栽培。

2 规范性引用文件

下列文件对于本标准的应用是必不可少的。凡是注日期的引用文件，仅所注日期的版本适用于本标准。凡是不注日期的引用文件，其最新版本（包括所有的修改单）适用于本标准。

GB 4285　农药安全使用标准

GB/T 8321（所有部分）　农药合理使用准则

NY 227　微生物肥料

NY/T 5018　无公害食品　茶叶生产技术规程

NY 5020　无公害食品　茶叶产地环境条件

3 术语与定义

下列术语定义适用于本标准。

3.1

幼龄茶园

树龄为一至三年生的茶园。

3.2

安全间隔期

茶树上最后一次施用农药（二种或二种以上的农药则单独计）至鲜叶采摘所需要间隔的最少天数。

3.3

农药残留

残留在茶叶中的微量农药原体及其有毒的代谢物、降解物的总称。

3.4

防治指标

病虫草等有害生物危害后所造成的损失达到防治费用时的种群密度的数值。

3.5

防治适期

病虫草等有害生物生长过程中，最适合进行防治的时期。

3.6

茶树专用肥

根据茶树生长规律和茶园土壤理化性质配制的用于茶园的各类复合肥、有机无机复合肥等肥料。

4 园地选择、规划

选择与规划符合 NY/T 5018 的要求。

5 茶树品种与种植

5.1 茶树品种

品种应选择适应临沂地区气候、土壤条件，系耐寒、耐旱、优质高产，并对黑刺粉虱、小绿叶蝉、绿盲蝽等主要虫害和茶云纹叶枯病、轮斑病等病害有较强抗性的适制绿茶类良种。提倡推广的有性良种有鸠坑、祁门槠叶种、黄山群体种等，无性良种有龙井长叶、平阳特早、福鼎大白茶、舒茶早等。

5.2 种植密度和方式

单行条播行距 120～150 cm，丛距 30 cm；双行条播的大行距 120～150 cm，小行距 30 cm，丛距 30 cm。单行、双行密植均采取“区田”栽培。

6 土肥水管理

6.1 土壤管理

6.1.1 定期监测土壤肥力水平和重金属元素的含量，一般要求每两年检测一次。根据检测情况，有针对性地采取土壤修复改良措施。

6.1.2 采用行间覆草措施，提高茶园的保土蓄水能力。3 月上、中旬将园内恶性杂草全部清除，松土保墒，提高地温。于春茶结束后（6 月上旬）在茶园行间铺厚度为 10～15 cm 的麦秧、麦糠等。

6.1.3 采用茶园生草技术，提高土壤有机质含量，防止水土流失，提高土壤肥力，改善茶园小气候，适宜的草种有鼠茅草、三叶草、苜蓿等。

6.1.4 采取合理耕作、增施有机肥等方法改良土壤结构。耕作时应考虑临沂地区干旱降水条件，防止水土流失。对土壤松软、肥沃、树冠覆盖度大、病虫草害少的茶园可实行减耕或免耕。雨后和茶园浇水后，要及时中耕除草，调温保墒，中耕深度 5～10 cm。

6.1.5 土壤 pH 低于 4.5 的茶园施用白云石粉等矿物质，高于 6.5 的茶园可使用硫黄粉调节土壤 pH 至 4.5～6.5 的适宜范围。

6.2 合理施肥

6.2.1 根据土壤的理化性质、茶树长势、预计产量、气候条件，确定合理的肥料种类、数量和施肥时间，实施茶园平衡施肥，防止茶园缺肥或过量施肥。

6.2.2 按照有机肥与无机肥相结合，基肥与追肥相结合，氮肥为主、磷钾肥和微量元素肥相结合，根部施肥与追肥相结合的原则施肥，允许使用的肥料见附录 A。宜用茶树专用肥。

6.2.2.1 每年秋季追施一次基肥。于“白露”前后在茶行中央挖深 20～30 cm、宽 20～30 cm 的施肥沟，每亩施农家肥（堆肥、沤肥、厩肥）3 000 kg 以上或饼肥 150～500 kg 或商品有机肥 200～400 kg，另加过磷酸钙 30 kg 左右，可增强茶树光合作用能力，提高越冬抗寒能力。

6.2.2.2 追肥可结合茶树生育规律多次进行，一般追肥时间为3月中下旬、6月上旬、7月中旬。追肥比例依次为50∶30∶20，每次施用纯氮量不超过每亩15 kg，氮、磷、钾的施用比例为4∶1∶1。施肥沟深度为10～15 cm。

6.2.2.3 据茶树生长发育状况科学喷施叶面肥，宜在夏季休茶期间使用。使用的叶面肥必须经农业部登记注册，叶面喷肥与土壤施肥相结合。

6.2.3 农家肥料等有机肥料施用前必须经无害化处理，微生物肥料应符合NY 227的要求。有机肥料中污染物质含量应符合表1的规定。

表1 有机肥料污染物质允许含量

项 目	指 标
砷，mg/kg	≤30
汞，mg/kg	≤5
镉，mg/kg	≤3
铬，mg/kg	≤70
铅，mg/kg	≤60
铜，mg/kg	≤400
六六六，mg/kg	≤0.2
滴滴涕，mg/kg	≤0.2

6.3 浇水

6.3.1 土壤相对含水量低于70%时，茶园宜节水灌溉。灌溉用水符合NY 5020的要求。

6.3.2 茶园浇好“三水”。应于茶芽萌动前“春分”至“清明”期间浇“催芽水”（又称“返青水”）；每次追肥后，根据土壤墒情及时浇“肥后水”，以充分发挥施肥的效果；“立冬”前后浇“越冬水”，一般在封冻前10～15 d为宜。提倡茶园使用微喷、滴灌等节水措施。

7 茶树病虫草害防治

7.1 防治原则

贯彻“预防为主，综合防治”的原则，从整个茶园生态系统出发，综合运用各种防治措施，将有害生物控制在允许的防治指标以下，将农药残留降低到规定标准的范围。

7.2 农业防治

7.2.1 换种改植或发展新茶园时，应选用对当地主要病虫抗性较强的品种。

7.2.2 分批、多次、及时采摘，采除茶小绿叶蝉、茶白星病等危害芽叶的病虫，抑制其种群发展。

7.2.3 通过修剪控制茶树高度，剪除分布在茶蓬中上部的病虫，同时改善茶蓬通透性，减少病虫害发生，及时清除病虫残枝。

7.2.4 秋末宜结合施基肥，进行茶园深耕，降低土壤中越冬的鳞翅目和象甲类害虫的越冬基数。

7.2.5 将茶树根际落叶和表土清理至行间深埋，防治叶病类和在表土中越冬的害虫。

7.3 物理防治

7.3.1 采用人工捕杀、挖蛹，减少病虫危害。

7.3.2 采用机械或人工方法防除杂草。

7.3.3 利用害虫的趋性进行灯光、着色粘虫板、性诱剂或糖醋液等诱杀。

7.4 生物防治

7.4.1 注意保护和利用茶园中的草蛉、瓢虫、蜘蛛、捕食螨、寄生蜂、蜥蜴和鸟类等有益生物，减少人为因素对天敌的伤害。

7.4.2 推广应用以虫治虫、以螨治螨、以菌治虫、以菌治菌等方法防治病虫害。

7.4.3 宜使用生态农药，如微生物农药、矿物源农药和植物源农药。

7.5 化学防治

7.5.1 茶叶生产中，不得使用国家明令禁用和在茶叶生产中禁用的农药。

7.5.2 有限制地使用高效、低毒、低残留农药品种，可使用的农药品种及其安全标准见附录B。

7.5.3 严格按照GB 4285、GB/T 8321的要求控制施药量与用药安全间隔期。矿物源农药应严格控制在非采茶季节使用。

7.5.4 掌握防治适期施药。宜一药多治，提倡合理混用农药和轮换使用农药。主要病虫害的防治适期及推荐使用农药见附录C。

7.6 草害防治

采用覆草、人工除草、使用除草剂等方法进行草害防治。

8 茶树越冬防护

8.1 幼龄茶园防护

8.1.1 搭建小拱棚

扣棚时间宜在“小雪”至“大雪”之间。通常采用密闭法，用棚内湿度调节温度，扣棚前2 d需通风挥发农膜多余的增塑剂，改善棚内空气清新度，然后实行全封闭，经常检查棚膜的完整度，及时测试棚内温度。也可采用通风法，在茶蓬两头或中间留有通风口，当气温高时增大通风口，当气温低时减小通风口或封闭通风口，要注意棚内湿度和温度。春天根据天气情况适时通风，在逐渐扩大通风的基础上适时揭膜。

8.1.2 全培土

全培土越冬只对1龄壤性土茶园，在“小雪”前后用茶行间松软土将茶苗培护只留1～2片叶。培土一般分2～3次，第一次培土仅培茶树基部，间隔一周后再进行第二次培土，要把松软土撒在茶树上，要保持茶树自然态，有利于茶树枝叶完整。全培土茶园培完土后，应达到北面高、上面平、沟底顺。第二年“春分”后视天气情况通过2～3次撤土，清明前退完。

8.1.3 半培土

半培土越冬适用于一年生黏土茶园或过沙茶园，距大的2龄茶园也可以采用。在“小雪”前后用茶行间松软土将茶苗培护至茶苗高度1/3～1/2处，同时在茶行北侧用草遮挡，茶行内覆盖3～5 cm稻草或者湿草。

8.2 成龄茶园防护

8.2.1 建立防护林

在茶园的北方、东北或西北方的迎风口处，建立防护林能降低区域内风速，调节茶园的温湿度。

8.2.2 行间覆草（膜）

覆草时间以“立冬”前后为宜，松土后进行覆草，覆草厚度以5～10 cm为宜。铺膜前茶园要浇透水，将杂物清除，用耙将土耙平耙细，保证行间平整顺滑，应保证无缝覆盖。先铺草再铺膜效果更好。

8.2.3 蓬面盖草（遮阳网）

于“小雪”前后进行，要盖而不严，使蓬面受直射光照的叶片占30%～40%。物料可选择鲜松枝、稻草等，也可使用透光率40%的黑色遮阳网。

8.2.4 搭挡风障

在“小雪”时，在茶树北面利用作物秸秆设置风障，风障应高于茶蓬20 cm左右，风障倾斜度以向前60°最为适合。材料一般用稻草、谷秸、玉米秸，也可用农膜（或地膜）、无纺布等。

8.2.5 搭建中（大）拱棚

扣棚时间宜掌握在“小雪”至“大雪”之间，中拱棚和大拱棚可采用无滴膜，扣棚前施好肥浇足水，选择背风向阳处建稳固棚，初冬通过通风调节温度，防止茶芽提早萌发，造成茶树霜冻，要控制适宜温湿度，科学透风。茶树树冠距膜最小距离要超过20 cm。

8.2.6 抵御晚霜冻

8.2.6.1 熏烟驱霜

当晚霜来临之前，根据风向、地势、面积设熏烟堆，当气温降至 2℃左右时点火防霜冻。

8.2.6.2 喷水洗霜

喷水洗霜。当晚霜危害时，进行喷水，把附着在茶树芽叶上的霜洗去。

8.2.6.3 覆盖防霜

在低温寒潮来临之前，用稻草、草帘、遮阳网等覆盖蓬面，以保护茶树，抵御晚霜。

9 茶树修剪

9.1 定型修剪

9.1.1 茶树栽植后第一年根据树势于秋末或初春离地面 10～15 cm 进行第一次定型修剪。

9.1.2 第二年、第三年于“春分”前后进行第二次和第三次定剪，剪口离上一次剪口提高 10cm。

9.2 轻修剪

于“春分”前后进行，以剪除冻害枝梢和病枯枝叶为原则，修剪深度 3～5 cm。

9.3 深修剪

于“春分”前后进行，正常茶园应每隔 3～5 年进行一次深修剪，剪去树冠上部 10～15 cm 深的一层鸡爪枝，使树势恢复健壮，提高育芽能力。

9.4 重修剪

正常茶园应每隔 6～8 年进行一次重修剪，时间为 5 月下旬；对冻害较重的茶树应于“春分”前后进行重修剪，重修剪深度为树高的 1/3～1/2。

9.5 台刈

对严重衰老的茶树，应于 6 月中下旬进行台刈；对冻害严重的茶树，应在发芽后进行台刈，培养优化型树冠，复壮树势。台刈时应在离地面 10cm 处砍去地上部全部枝干。要求切口倾斜、平滑，避免树桩撕裂。

9.6 剪枝处理

修剪枝叶应留在茶园内，以利于培肥土壤。病虫枝条和粗干枝清除出园，病虫枝待寄生蜂等天敌逸出后再行销毁。

10 鲜叶采摘

10.1 幼年茶树的采摘贯彻“以养为主，以采为辅”的原则。

10.2 应根据茶树生长特性和成品茶对加工原料的要求，遵循采留结合、量质兼顾和因园制宜的原则，按标准适时分批、合理采摘。

10.3 手工采茶要求提手采，保持芽叶完整、新鲜、匀净，不夹带鳞片、鱼叶、茶果与老枝叶，不宜捋采和抓采。

10.4 采用清洁、通风性良好的竹编茶篮盛装鲜叶或篓筐盛装鲜叶，采下的鲜叶应及时出售和运抵茶场加工，防止鲜叶变质和混入有毒、有害物质。

10.5 春茶应提早开采，前期留鱼叶，后期留一叶；夏茶应适当留养；秋茶应适度采摘，宜留叶。秋分前后封园。

附录 A
（资料性附录）

表 A.1 “沂蒙绿茶”茶园宜使用的肥料

分类	名 称	简 介
农家肥料	1 堆肥	以各类秸秆、落叶、人畜粪便堆制而成
	2 沤肥	堆肥的原料在淹水条件下进行发酵而成
	3 家畜粪尿	猪、羊、马、鸡、鸭等禽畜的排泄物
	4 厩肥	猪、羊、马、鸡、鸭等禽畜的粪尿与秸秆垫料堆成
	5 绿肥	栽培或野生的绿色植物体
	6 沼气肥	沼气池中的液体或残渣
	7 秸秆	作物秸秆
	8 泥肥	未经污染的河泥、塘泥、沟泥等
	9 饼肥	菜籽饼、棉籽饼、芝麻饼、花生饼等
商品肥料	1 商品有机肥	以动植物残体、排泄物等为原料加工而成
	2 腐殖酸类肥料	泥炭、褐炭、风化煤等含腐殖酸类物质的肥料
	3 微生物肥料	
	根瘤菌肥料	能在豆科作物上形成根瘤菌的肥料
	固氮菌肥料	含有自生固氮菌、联合固氮菌的肥料
	磷细菌肥料	含有磷细菌、解磷真菌、菌根菌剂的肥料
	硅酸盐细菌肥料	含有硅酸盐细菌、其他解钾微生物制剂
	复合微生物肥	含有二种以上有益微生物，他们之间互不拮抗的微生物制剂
	4 有机无机复合肥料	有机肥、化学肥料或（和）矿物源肥料复合而成的肥料

（续）

分类	名 称	简 介
商品肥料	5 化学和矿物源肥料	
	氮肥	尿素、碳酸氢铵、硫酸铵
	磷肥	磷矿粉、过磷酸钙、钙镁磷肥
	钾肥	硫酸钾、氯化钾
	钙肥	生石灰、熟石灰、过磷酸钙
	硫肥	硫酸钙、石膏、硫黄、过磷酸钙
	镁肥	硫酸镁、白云石、钙镁磷肥
	微量元素肥料	含有铜、铁、锰、锌、硼、钼等微量元素肥料
	复合肥	二元、三元复合肥
	6 叶面肥料	含各种营养成分，喷施于植物叶片的肥料
	7 茶树专用肥	根据茶树营养特性和茶园土壤理化性质配制的茶树专用的各类肥料

附录 B
（规范性附录）

表 B.1 “沂蒙绿茶”茶园可使用的农药品种及其安全标准

农药品种	稀释倍数	安全间隔期（d）	使药方法、每季最多使用次数
10%吡虫啉可湿性粉剂	3 000～4 000	7～10	喷雾 1 次
2.5%联苯菊酯乳油	3 000～6 000	6	喷雾 1 次
2.5%三氟氯氰菊酯乳油	4 000～6 000	5	喷雾 1 次
10%氯氰菊酯乳油	4 000～6 000	7	喷雾 1 次
50%辛硫磷乳油	1 000～1 500	3～5	喷雾 1 次
0.5%烟碱水剂	500～2 000	15	喷雾
0.36%苦参碱乳油	1 000	7*	喷雾
2.5%鱼藤酮乳油	300～500	7	喷雾
20%四螨嗪悬浮剂	1 000～1 500	10*	喷雾 1 次
10%多抗霉素可湿性粉剂	500～1 000	5	喷雾 1 次
70%甲基硫菌灵可湿性粉剂	1 000～1 500	10	喷雾
50%多菌灵可湿性粉剂	8 00～1 000	7～10	喷雾
95%机油乳剂	200～250	15	喷雾
Bt 制剂（1600 国际单位）	1 000	3*	喷雾 1 次
茶尺蠖病毒制剂（0.2 亿 PIB/mL）	1 000	3*	喷雾 1 次
茶毛虫病毒制剂（0.2 亿 PIB/mL）	1 000	3*	喷雾 1 次
0.3～0.5 波美度石硫合剂	—	60～70	喷雾
0.6%～0.7%石灰半量式波尔多液	—	25	喷雾
41%草甘膦水剂	150	15*	定向喷雾
白僵菌制剂（100 亿孢子/g）	500	3*	喷雾 1 次
粉虱真菌制剂（10 亿孢子/g）	200	3*	喷雾 1 次

* 表示暂时执行的标准。

附录 C
（资料性附录）

表 C.1　“沂蒙绿茶”茶园主要病虫害的防治适期及推荐使用农药

病虫害名称	防治适期	推荐使用农药
黑刺粉虱	卵孵化盛末期	辛硫磷、吡虫啉、粉虱真菌、联苯菊酯、石硫合剂、烟碱水剂
小绿叶蝉	高峰期前，且若虫占总量的80%以上	吡虫啉、白僵菌、鱼藤酮、氯氰菊酯、三氟氯氰菊酯
茶橙瘿螨与茶叶瘿螨	发生高峰期前，时间为5月中旬至6月上旬，8月下旬至9月上旬	四螨嗪、联苯菊酯、机油乳剂、石硫合剂（非采摘期）
角蜡蚧	卵孵化盛末期，6月中、下旬	烟碱水剂、机油乳剂、石硫合剂（非采摘期）
绿盲蝽	4月上、中旬卵始孵期	辛硫磷、吡虫啉、联苯菊酯、三氟氯氰菊酯
茶蚜虫	发生高峰期，一般为5月中下旬至6月中旬，8～9月	辛硫磷、吡虫啉、鱼藤酮、三氟氯氰菊酯、烟碱水剂
茶细蛾	潜叶、卷边期（1～3龄幼虫期）	三氟氯氰菊酯、辛硫磷
茶褐蓑蛾	幼虫低龄盛期	辛硫磷、三氟氯氰菊酯
茶云纹叶枯病	夏季，气温＞28℃，相对湿度＞80%或叶发病率10%～15%施药防治	多抗霉素、甲基硫菌灵、多菌灵、石硫合剂或石灰半量式波尔多液（非采摘期）

（续）

病虫害名称	防治适期	推荐使用农药
茶轮斑病	夏、秋两季，气温25～28℃，相对湿度85%～87%易于发病	多抗霉素、甲基硫菌灵、多菌灵、石硫合剂或石灰半量式波尔多液（非采摘期）
茶白星病	春茶期，气温在16～24℃，相对湿度80%以上或叶发病率>6%施药防治	多抗霉素、甲基硫菌灵、多菌灵、石硫合剂或石灰半量式波尔多液（非采摘期）
茶赤叶斑病	夏季干旱期前，高温高湿易发病	多抗霉素、甲基硫菌灵、多菌灵、石硫合剂或石灰半量式波尔多液（非采摘期）

沂蒙红茶（DB 3713/T 084—2015）

1 范围

本标准规定了沂蒙红茶的术语与定义、鲜叶要求、技术要求、试验方法、检验规则、标志、包装、运输及贮存。

本标准适用于临沂市境内生产的以茶树的芽、叶、嫩茎为原料经萎凋、揉捻、发酵、干燥等工艺精制而成的红茶。

2 规范性引用文件

下列文件对于本标准的应用是必不可少的。凡是注日期的引用文件，仅注日期的版本适用于本标准。凡是不注日期的引用文件，其最新版本（包括所有的修改单）适用于本标准。

GB/T 191　包装储运图示标志

GB 2762　食品安全国家标准　食品中污染物限量

GB 2763　食品中农药最大残留限量

GB 7718　食品安全国家标准　预包装食品标签通则

GB/T 8302　茶　取样

GB/T 8303　茶　磨碎试样的制备及其干物质含量测定

GB/T 8304　茶　水分测定

GB/T 8305　茶　水浸出物测定

GB/T 8306　茶　总灰分测定

GB/T 8310　茶　粗纤维测定

GB/T 8311　茶　粉末和碎茶含量测定

GB/T 23776　茶叶感官审评方法

GH/T 1070　茶叶包装通则

NY/T 288　绿色食品　茶叶

JJF 1070　定量包装商品净含量计量检验规则

3 术语和定义

下列术语和定义适用于本标准。

沂蒙红茶

以产自临沂境内的优质茶树鲜叶为原料，按照具有地方特色的红茶加工工艺制作而成的具有“外形紧结匀整，色泽乌润，汤色红亮，滋味甜醇，香气甜浓持久”特征的红茶。

4 鲜叶要求

鲜叶质量要求无污染、无杂质、无病虫危害、无红变、无异味，用于同批次加工的鲜叶，其嫩度、匀度、净度、新鲜度应基本一致，见表1。

表1 各等级鲜叶分级要求

等级	要求
特级	单芽、一芽一叶初展至一芽一叶，叶不能比芽长
一级	一芽一叶至一芽二叶初展为主
二级	一芽二叶至一芽三叶初展为主，占70%～80%，同等嫩度的对夹叶、单片叶占20%～30%
三级	一芽三、四、五叶和同等嫩度的对夹叶；一芽三叶占45%～50%，一芽四叶占10%～20%，同等嫩度的对夹叶、单片时占30%～45%

5 技术要求

5.1 感官指标

要求应具有所属茶级别正常的产品外形和固有的色、香、味，无劣变、无污染、无异味、不得着色、不添加任何香味物质、不得夹杂非茶类物质，见表2。

表 2　沂蒙红茶的感官指标

等级	外形				内质			
	条索（曲型）	整碎	净度	色泽	香气	滋味	汤色	叶底
特级	肥嫩紧直锋苗齐（肥嫩紧曲）	匀齐	净	金毫显露	甜香馥郁持久	鲜醇厚	红艳明亮	肥嫩完整红匀明亮
一级	肥壮紧结多锋苗（肥硕紧曲）	匀齐	净	乌褐润金毫显露	甜香馥郁	鲜浓醇厚	红艳	肥嫩多芽红匀明亮
二级	肥壮紧结有锋苗（肥壮尚紧）	尚匀齐	较净	乌褐润多金毫	甜香浓	鲜醇较浓	红尚艳	肥嫩、红匀亮
三级	肥壮紧结	匀整或较匀整	尚净稍有嫩茎或筋梗	乌褐尚润有金毫	香浓或纯正尚浓	浓醇或醇尚浓	红亮或尚红亮	柔嫩红尚亮

5.2　理化指标

理化指标应符合表 3 的规定。

表 3　沂蒙红茶理化指标

项　目		指　标		
		特级	一级、二级	三级
水分（质量分数），%	≤		7.0	
总灰分（质量分数），%	≤		6.0	
粉末（质量分数），%	≤	1.0	1.2	1.5
水浸出物（质量分数），%	≥	36.0	34.0	32.0
粗纤维（质量分数），%	≤		15.0	

5.3　卫生要求

5.3.1　污染物限量指标应符合 GB 2762 的规定。

5.3.2 农药残留限量指标应符合 GB 2763 和 NY/T 288 的规定。

5.4 净含量

净含量应符合《定量包装商品计量监督管理办法》的规定。

6 试验方法

6.1 试样的制备按 GB/T 8303 的规定执行。

6.2 感官检验按 GB/T 23776 的规定执行。

6.3 水分检验按 GB/T 8304 的规定执行。

6.4 总灰分检验按 GB/T 8306 的规定执行。

6.5 粉末检验按 GB/T 8311 的规定执行。

6.6 水浸出物按 GB/T 8305 的规定执行。

6.7 粗纤维按 GB/T 8310 的规定执行。

6.8 卫生指标检验按 GB 2762、GB 2763 和 NY/T 288 的规定执行。

6.9 净含量检验按 JJF 1070 的规定执行。

7 检验规则

7.1 取样以“批”为单位，在生产和加工过程中形成的独立数量的产品为一个批次，同批产品的规格和品质应一致。

7.2 取样按 GB/T 8302 的规定执行。

7.3 出厂检验

每批产品均应做出厂检验，检验项目为感官指标、水分、粉末、净含量负偏差进行检验，检验合格后并附产品质量检验合格证方可出厂。

7.4 型式检验

型式检验为本标准中要求的全项目检验，一般情况下一年进行一次，有下列情况之一必须进行型式检验：

①原料、工艺、机具有较大改变，可能影响产品质量时；

②出厂检验结果与上一次型式检验结果有较大出入时；

③国家质量监督机构或行政主管部门提出型式检验的要求时。

7.5 判定规则

7.5.1 卫生指标中有一项不符合本标准要求的产品，判为不合格产品。

7.5.2 理化指标有一项不符合本标准要求或感官指标不符合规定级别的，应进行加倍抽样复检，复检后仍不符合本标准要求的，则判该批产品为不合格产品。

7.5.3 对检验结果有争议的，应对留存样或同批产品中重新按GB/T 8302的规定加倍取样，重新取样应由争议双方会同进行，对有争议的项目进行复验，以复验结果为准。

8 标志、标签、包装、运输、贮存及保质期

8.1 标志

产品运输包装的图示标志应符合GB/T 191的规定。

8.2 标签

产品的标签应符合GB 7718的规定。

8.3 包装

包装应符合GH/T 1070的规定。

8.4 运输

运输工具应清洁、干燥、阴凉、无异味，无污染；运输时应防雨、防潮、防暴晒；严禁与有毒、有害、有异味、易污染的物品混装、混运。

8.5 贮存

产品应贮存于清洁、干燥、无异味的专用仓库或冷藏库内，离地、离墙。不得与有毒、有害、有异味、易污染的物品混放，仓库周围应无异气污染。

8.6 保质期

保持期为24个月。

沂蒙黄茶（DB 3713/T 085—2015）

1 范围

本标准规定了沂蒙黄茶的术语与定义、鲜叶要求、技术要求、试验方法、检验规则、标志、包装、运输及贮存。

本标准适用于临沂市境内生产的以茶树的芽、叶、嫩茎为原料经摊晾、杀青、揉捻、闷黄、干燥等工艺精制而成的黄茶。

2 规范性引用文件

下列文件对于本标准的应用是必不可少的，凡是注日期的引用文件，仅注日期的版本适用于本标准。凡是不注日期的引用文件，其最新版本（包括所有的修改单）适用于本标准。

GB/T 191　包装储运图示标志

C8 2762　食品安全国家标准　食品中污染物限量

GB 2763　食品中农药最大残留限量

GB 7718　食品安全国家标准　预包装食品标签通则

GB/T 8302　茶　取样

GB/T 8303　茶　磨碎试样的制备及其干物质含量测定

GB/T 8304　茶　水分测定

GB/T 8305　茶　水浸出物测定

GB/T 8306　茶　总灰分测定

GB/T 8310　茶　粗纤维测定

GB/T 8011　茶　粉末和碎茶含量测定

GB/T 8314　茶　游离氨基酸总量的测定

GB/T 23776　茶叶感官审评方法

GH/T 1070　茶叶包装通则

NY/T 288　绿色食品　茶叶

JJF 1070　定量包装商品净含量计量检验规则

3 术语和定义

下列术语和定义适用于本标准。

3.1

沂蒙黄茶

以产自临沂境内的优质茶树鲜叶为原料，按照具有地方特色的黄茶加工工艺制作而成，具有“茶汤纯黄、汤色透明鲜亮、滋味醇厚甜爽、耐冲泡、高火香”的品质特征。

3.2

沂蒙黄芽茶

沂蒙黄芽茶是以单芽或一芽一叶初展原料通过沂蒙黄茶加工工艺制成的茶。

3.3

沂蒙黄小茶

沂蒙黄小茶是以一芽一叶或一芽二叶初展原料通过沂蒙黄茶加工工艺制成的茶。

3.4

沂蒙黄大茶

沂蒙黄大茶是以一芽二叶至一芽四、五叶和同等嫩度的对夹叶为原料通过沂蒙黄茶加工工艺制成的茶。

4 鲜叶要求

鲜叶质量要求无红变、无异味、无污染、无杂质、无病虫危害，用于同批次加工的鲜叶，其嫩度、匀度、净度、新鲜度应基本一致，质量分级要求见表1。

表1 各等级鲜叶质量分级要求

等 级	要 求
沂蒙黄芽茶	单芽、一芽一叶初展至一芽一叶，一芽一叶初展大于等于70%以上

（续）

等级	要求
沂蒙黄小茶	一芽一叶至一芽二叶初展为主，含一芽一叶大于等于60%
沂蒙黄大茶优级	一芽二叶至一芽三、四、五叶和同等嫩度的对夹叶

5 技术要求

5.1 基本要求

要求应具有所属茶级别正常的产品外形和固有的色、香、味，无劣变、无污染、无异味、不得着色、不添加任何香味物质、不得夹杂非茶类物质。

5.2 感官指标

感官指标应符合表2的规定。

表2 沂蒙黄茶的感官指标

级别	外形				内质			
	形状	整碎	净度	色泽	香气	滋味	汤色	叶底
沂蒙黄芽茶	针形或雀舌形	匀齐	净	杏黄	清鲜	甘甜醇和	嫩黄明亮	肥嫩黄亮、匀整
沂蒙黄小茶	自然形或条形、扁形	较匀齐	净	浅黄	清高	醇厚回甘	黄明亮	柔嫩黄亮、软匀整
沂蒙黄大茶	叶大多梗卷曲略松	尚匀	有梗片	褐黄	火香	浓厚醇和	深黄明亮	尚软、黄尚亮

5.3 理化指标

理化指标见表3。

表3　沂蒙黄茶理化指标

项　目		指　标		
		沂蒙黄芽茶	沂蒙黄小茶	沂蒙黄大茶
水分（质量分数），%	≤		7.0	
总灰分（质量分数），%	≤		7.0	
碎末茶（质量分数），%	≤	2.0	3.0	6.0
水浸出物（质量分数），%	≥		36.0	
粗纤维（质量分数），%	≤		16.0	
游离氨基酸总量（质量分数），%	≥	3.0	3.0	不作要求

5.4　卫生要求

5.4.1　污染物限量指标应符合 GB 2762 的规定。

5.4.2　农药残留限量指标应符合 GB 2763 和 NY/T 288 的规定。

5.5　净含量

净含量应符合《定量包装商品计量监督管理办法》的规定。

6　试验方法

6.1　试样的制备按 GB/T 8303 的规定执行。

6.2　感官检验按 GB/T 23776 的规定执行。

6.3　水分检验按 GB/T 8304 的规定执行。

6.4　总灰分按 GB/T 8306 的规定执行。

6.5　碎末茶检验按 GB/T 8311 的规定执行。

6.6　水浸出物按 GB/T 8305 的规定执行。

6.7　粗纤维按 GB/T 8310 的规定执行。

6.8　游离氨基酸总量按 GB/T 8314 的规定执行。

6.9　卫生指标检验按 GB 2762、GB 2763 和 NY/T 288 的规定执行。

6.10　净含量检验按 JJF 1070 的规定执行。

7 检验规则

7.1 取样以“批”为单位，在生产和加工过程中形成的独立数量的产品为一个批次，同批产品的规格和品质应一致。

7.2 取样按 GB/T 8302 的规定执行。

7.3 出厂检验

每批产品均应做出厂检验，检验项目为感官指标、水分、粉末、净含量负偏差进行检验、检验合格后并附产品质量检验合格证方可出厂。

7.4 型式检验

型式检验为本标准中要求的全项目检验，一般情况下一年进行一次，有下列情况之一必须进行型式检验：

①原料、工艺、机具有较大改变，可能影响产品质量时；

②出厂检验结果与上一次型式检验结果有较大出入时；

③国家质量监督机构或行政主管部门提出型式检验的要求时。

7.5 判定规则

7.5.1 卫生指标中有一项不符合本标准要求的产品，判为不合格产品。

7.5.2 理化指标有一项不符合本标准要求或感官指标不符合规定级别的，应进行加倍抽样复检，复检后仍不符合本标准要求的，则判该批产品为不合格产品。

7.5.3 对检验结果有争议的，应对留存样或在同批产品中重新按 GB/T 8302 的规定加倍取样，重新取样应由争议双方会同进行，对有争议的项目进行复验，以复验结果为准。

8 标志、标签、包装、运输、贮存及保质期

8.1 标志

产品运输包装的图示标志应符合 GB/T 191 的规定。

8.2 标签

产品的标签应符合 GB 7718 的规定。

8.3 包装

包装应符合 GH/T 1070 的规定。

8.4 运输

运输工具应清洁、干燥、阴凉、无异味、无污染；运输时防雨、防潮、防暴晒；严禁与有毒、有害、有异味、易污染的物品混装、混运。

8.5 贮存

产品应贮存于清洁、干燥、无异味的专用仓库或冷藏库内，离地、离墙。不得与有毒、有害、有异味、易污染的物品混放，仓库周围应无异气污染。

8.6 保质期

保质期为 18 个月。

参 考 文 献

白汉彬，林成业，2013. 无性系良种茶苗扦插繁育和病虫害防治技术 [J]. 福建茶叶，6：36-37.

蔡烈伟，2014. 茶树栽培技术 [M]. 北京：中国农业出版社.

蔡新，2009. 茶树种植与茶叶加工 [M]. 昆明：云南科技出版社.

常淑娟，2013. 茶艺管理概论 [M]. 北京：机械工业出版社.

陈炳环，1988. 茶树品种分类的探讨 [J]. 中国茶叶，2：16-18.

陈文华，2003. 论中国历代的品茗艺术（续）[J]. 农业考古，2：96-126.

陈秀峰，刘加娥，刘加秀，2012. 沂蒙红茶加工的几个关键技术探讨 [J]. 科技创新导报，11：46.

陈尧荣，2013. 茶树旱害发生的原因及预防措施 [J]. 福建茶叶，6：34-35.

陈宗懋，2003. 欧盟茶叶农残标准新变化和应对措施 [J]. 中国茶叶（3）：6-7.

丁德恩，2011. 山东茶区茶树冻害类型及防护技术 [J]. 农业科技通讯，7：172-174.

龚永新，2014. 茶文化与茶道艺术 [M]. 北京：中国农业出版社.

管恩桦，周蕾，庄倩梅，等，2017. 沂蒙黄茶及其加工技术 [J]. 中国园艺文摘，1：217-217，224.

侯君合，赵爱鸿，胡曾娟，2013. 崂山工夫红茶加工工艺研究 [J]. 山东农业科学，45（4）：99-100.

籍瑞芬，李廷轩，张锡洲，2005. 茶园土壤污染及其防治 [J]. 土壤通报，36（6）：965-968.

贾红文，2011. 论正山小种红茶的魅力 [J]. 农业考古，2：299-302，307.

江昌俊，李叶云，韦朝领，2009. 茶树冻害减灾避灾关键技术与应用 [J]. 茶业通报，31（3）：105-108.

康孟利，凌剑刚，林旭东，等，2015. 红茶加工工艺探讨 [J]. 农产品加工（6）：41-42.

李华荣，张正清，2010. 无性系良种茶苗扦插繁育技术 [J]. 中国茶叶，3：18-19.

李军，2007. 茶园抗旱减灾技术 [J]. 南方农业，4：35-36.

李磊，2010. 不同肥料处理对茶树生长和茶叶品质的影响 [D]. 泰安：山东农业大学.
李晓菲，2014. 茶园保水技术小结［J］. 中国茶叶，6：39.
李玉胜，王漪，张续周，2013. 山东省茶产业发展现状与对策［J］. 中国茶叶，12：14-15.
刘初生，梁月超，陈佳，2010. 低产茶园改造技术研究［J］. 现代农业科技，24（11）：96-98.
刘晓慧，王日为，张丽霞，等，2010. 山东黄茶加工工艺的研究［J］. 中国茶叶加工（2）：27-30.
罗意，2016. 不同肥料处理对秋季绿茶产量和品质影响的研究［D］. 长沙：湖南农业大学.
骆耀平，2015. 茶树栽培学［M］. 北京：中国农业出版社.
骆耀平，徐月荣，1998. 茶叶可持续发展的生态学原理应用［J］. 中国茶叶（4）：28-29.
吕明超，韩国珍，2016. 茶叶种植与经营管理［M］. 北京：中国林业出版社.
濮毅东，陈明赞，2013. 绿茶制作技术［J］. 现代农业科技，17：287-288，290.
申为宝，陈修会，2005. 临沂果茶志［M］. 北京：方志出版社.
孙庆娜，2012. 山东优质工夫红茶加工工艺及品质特点研究［D］. 泰安：山东农业大学.
孙仲序，刘静，邱治霖，等，2003. 山东省茶树抗寒变异特性的研究［J］. 茶叶科学，23（1）：61-65.
谭济才，2011. 茶树病虫防治学［M］. 北京：中国农业出版社.
屠幼英，2017. 茶的综合利用［M］. 北京：中国农业出版社.
汪云刚，梁名志，张俊，等，2009. 云南茶树栽培技术［M］. 昆明：云南科技出版社.
王强，2011. 茶树冻害原理和防治技术方法［J］. 茶世界，3：69-71.
王秀铿，黄仲先，朱树林，1986. 机采茶树采摘适期的研究［J］. 茶叶通讯（4）：14-18.
王长君，田丽丽，2015. 茶高效栽培［M］. 北京：机械工业出版社.
魏云，崔乐玖，王为营，等，2008. 日照茶叶树繁殖技术［J］. 山东林业科技，6：71-72.
吴文华，2003. 塑料大棚茶园技术［J］. 茶叶通讯，1：15.
肖强，2009. 无公害茶叶生产关键技术百问百答［M］. 北京：中国农业出版社．
辛崇恒，2009．山东茶树冻害与防护技术［J］．中国茶叶，2：24-25．
熊昌云，崔文锐，2018．茶树栽培与茶叶加工［M］．昆明：云南大学出版社．
鄢东海，2008．茶树无性系良种繁育和新茶园建设技术［J］．贵州农业科学，36（2）：162-164．
杨江帆，2014．茶叶企业经营管理学［M］．北京：中国农业出版社．
杨新国，2011．茶树冻害发生原因及防御补救措施［J］．现代农业科技，21：198，200．
姚元涛，2008．茶树荧光性绿斑病的病因诊断及生理特性研究［D］．泰安：山东农业大学．
姚元涛，王长君，田丽丽，等，2013．山东无性良种茶园抗旱与节水灌溉技术［J］．山东农业科学，45（6）：110-111．
耀平，莫俶茜，2000．老茶园生态保护型的改植（嫁接）换种［J］．福建茶叶（4）：29．
张晨成，2016．我国茶叶产业生态效率评价研究［D］．长沙：湖南农业大学．
张贱根，2006．茶树冻害的发生与预防补救措施［J］．茶业通报，28（1）：12-13．
张觉晚，王沅江，1994．合理用药生态控制茶小绿叶蝉主要措施与评价［J］．生态学杂志，13（5）：13-17．
张兴泽，滕瑞海，牟振鹏，2011．北方茶区冻害的发生和防治［J］．中国茶叶，7：24-25．
赵华富，2013．茶园土壤耕作与施肥管理［J］．贵州茶叶，41（4）：33-36．
赵锦彪，段伦才，管恩桦，等，2011．无性系茶树安全越冬高效生产集成技术研究［C］．//山东省科学技术协会．2011临沂市重点学术研究成果．济南：山东省科学技术协会．
赵锦彪，申为宝，石绍峻，2006．沂蒙山区绿茶无公害生产技术［J］．山东农业科学，4：91-92．
钟明跃，吴兴平，梁平杨，1988．茶树病虫的综合防治［J］．四川农业科技（6）：41．
朱丕荣，1995．持续农业是中国农业发展的必然趋向［J］．中国人口资源与环境，5（1）：52-54．
朱丕荣，1996．持续农业：中国农业发展的必然［J］．中国供销合作经济，4：60-62．

图书在版编目（CIP）数据

北方茶叶生产及品牌创建 / 赵锦彪，房晓燕，王兆祥主编．—北京：中国农业出版社，2021.1
（高素质农民培育系列读本）
ISBN 978-7-109-27397-9

Ⅰ．①北… Ⅱ．①赵… ②房… ③王… Ⅲ．①茶树—栽培技术 Ⅳ．①S571.1

中国版本图书馆 CIP 数据核字（2020）第 188091 号

中国农业出版社出版
地址：北京市朝阳区麦子店街 18 号楼
邮编：100125
责任编辑：国 圆 郭晨茜
版式设计：杜 然 责任校对：沙凯霖
印刷：中农印务有限公司
版次：2021 年 1 月第 1 版
印次：2021 年 1 月北京第 1 次印刷
发行：新华书店北京发行所
开本：880mm×1230mm 1/32
印张：8
字数：250 千字
定价：58.00 元